「十四五」国家重点图书出版规划项目

国家社会科学基金重大项目「中国近代日记文献叙录、整理与研究」（项目编号：18ZDA259）阶段性研究成果

中国近现代稀见史料丛刊 【第十辑】

晚清修身治学笔记五种

张剑 徐雁平 彭国忠 主编

（清）黄昌麟 苏源生 胡培系 等 著

丁思露 整理

本辑执行主编 张剑

凤凰出版社

图书在版编目（ＣＩＰ）数据

晚清修身治学笔记五种 / （清）黄昌麟等著 ；丁思露整理. -- 南京 ：凤凰出版社，2023.10
（中国近现代稀见史料丛刊. 第十辑）
ISBN 978-7-5506-4012-2

Ⅰ. ①晚… Ⅱ. ①黄… ②丁… Ⅲ. ①个人－修养－中国－清后期 Ⅳ. ①B825

中国国家版本馆CIP数据核字(2023)第191452号

书　　　名	晚清修身治学笔记五种	
著　　　者	（清）黄昌麟 等 著　　丁思露 整理	
责 任 编 辑	郭馨馨	
装 帧 设 计	姜　嵩	
责 任 监 制	程明娇	
出 版 发 行	凤凰出版社(原江苏古籍出版社)	
	发行部电话025-83223462	
出版社地址	江苏省南京市中央路165号,邮编:210009	
照　　　排	南京凯建文化发展有限公司	
印　　　刷	江苏凤凰通达印刷有限公司	
	江苏省南京市六合区冶山镇,邮编:211523	
开　　　本	880毫米×1230毫米　1/32	
印　　　张	9.75	
字　　　数	253千字	
版　　　次	2023年10月第1版	
印　　　次	2023年10月第1次印刷	
标 准 书 号	ISBN 978-7-5506-4012-2	
定　　　价	88.00元	

(本书凡印装错误可向承印厂调换,电话:025-57572508)

存史鑑今

袁行霈題

袁行霈先生題辞

「音实难知，知实难逢，逢其
知音，千载其一乎！」（《文心雕龙·
知音》）今读新编稀见史料丛
刊，真有治学知音之感矣。

傅璇琮谨书
二○一三年

傅璇琮先生题辞

殚精竭虑旁搜远绍

重新打造中华文史资

料库

王水照 二〇一三年
一月

王水照先生题辞

《中国近现代稀见史料丛刊》总序

　　在世界所有的文明中，中华文明也许可说是"唯一从古代存留至今的文明"（罗素《中国问题》）。她绵延不绝、永葆生机的秘诀何在？袁行霈先生做过很好的总结："和平、和谐、包容、开明、革新、开放，就是回顾中华文明史所得到的主要启示。凡是大体上处于这种状况的时候，文明就繁荣发展，而当与之背离的时候，文明就会减慢发展的速度甚至停滞不前。"（《中华文明的历史启示》，《北京大学学报》2007年第1期）

　　但我们也要清醒看到，数千年的中华文明带给我们的并不全是积极遗产，其长时段积累而成的生活方式与价值观具有强大的稳定性，使她在应对挑战时所做的必要革新与转变，相比他者往往显得迟缓和沉重。即使是面对佛教这种柔性的文化进入，也是历经数百年之久才使之彻底完成中国化，成为中华文明的一部分；更不用说遭逢"数千年来未有之变局""数千年未有之强敌"（李鸿章《筹议海防折》），"数千年未有之巨劫奇变"（陈寅恪《王观堂先生挽词序》）的中国近现代。晚清至今虽历一百六十余年，但是，足以应对当今世界全方位挑战的新型中华文明还没能最终形成，变动和融合仍在进行。1998年6月17日，美国三位前总统（布什、卡特、福特）和二十四位前国务卿、前财政部长、前国防部长、前国家安全顾问致信国会称："中国注定要在21世纪中成为一个伟大的经济和政治强国。"（徐中约《中国近代史》上册第六版英文版序，香港中文大学2002年版）即便如此，我们也不能盲目乐观，认为中华文明已经转型成功，相反，中华文明今天面对的挑战更为复杂和严峻。新型的中华文明到底会怎样呈现，又怎样具体表现或作用于政治、经济、文化等层面，人们还在不断探索。这个问题，我们这一代恐怕无法给出答案。但我们坚信，在历史上曾经灿烂辉煌的中华文明必将凤凰浴火，涅槃重生。这既是数千年已经存在的中华文明发展史告诉我们的经验事实，也是所有为中国文化所化之人应有的信念和责任。

不过，对于近现代这一涉及当代中国合法性的重要历史阶段，我们了解得还过于粗线条。她所遗存下来的史料范围广阔，内容复杂，且有数量庞大且富有价值的稀见史料未被发掘和利用，这不仅会影响到我们对这段历史的全面了解和规律性认识，也会影响到今天中国新型文明和现代化建设对其的科学借鉴。有一则印度谚语如是说："骑在树枝上锯树枝的时候，千万不要锯自己骑着的那一根。"那么，就让我们用自己的专业知识与能力，为承载和养育我们的中华文明做一点有益的事情——这是我们编纂这套《中国近现代稀见史料丛刊》的初衷。

书名中的"近现代"，主要指 1840—1949 年这一时段，但上限并非以一标志性的事件一刀切割，可以适当向前延展，然与所指较为宽泛的包含整个清朝的"近代中国""晚期中华帝国"又有所区分。将近现代连为一体，并有意淡化起始的界限，是想表达一种历史的整体观。我们观看社会发展变革的波澜，当然要回看波澜如何生，风从何处来；也要看波澜如何扩散，或为涟漪，或为浪涛。个人的生活记录，与大历史相比，更多地显现出生活的连续。变局中的个体，经历的可能是渐变。《丛刊》期望通过整合多种稀见史料，以个体陈述的方式，从生活、文化、风习、人情等多个层面，重现具有连续性的近现代中国社会。

书名中的"稀见"，只是相对而言。因为随着时代与科技的进步，越来越多的珍本秘籍经影印或数字化方式处理后，真身虽仍"稀见"，化身却成为"可见"。但是，高昂的定价、难辨的字迹、未经标点的文本，仍使其处于专业研究的小众阅读状态。况且尚有大量未被影印或数字化的文献，或流传较少，或未被整合，也造成阅读和利用的不便。因此，《丛刊》侧重选择未被纳入电子数据库的文献，尤欢迎整理那些辨识困难、断句费力、衷合不易或是其他具有难度和挑战性的文献，也欢迎整理那些确有价值但被人们习见思维与眼光所遮蔽的文献，在我们看来，这些文献都可属于"稀见"。

书名中的"史料"，不局限于严格意义上的历史学范畴，举凡日记、书信、奏牍、笔记、诗文集、诗话、词话乃至序跋汇编等，只要是某方面能够反映时代政治、经济、文化特色以及人物生平、思想、性情的文献，都在考虑之列。我们的目的，是想以切实的工作，促进处于秘藏、边缘、零散等状态的史料转化为新型的文献，通过一辑、二辑、三辑……这样的累积性整理，自然地呈现出一种规模与气象，与其他已经整理出版的文献相互关联，形成一个丰茂的文献群，从而揭示在宏大的中国近现代叙事背后，还有很多未被打量过的局部、日常与细节；在主流周边或更远处，还有富于变化的细小溪流；甚至在主流中，还有漩涡，在边缘，还有静止之水。近现代中国是大变革、大痛苦的时代，身处变局中的个体接物处事的伸屈、所思所想的起落，借纸墨得以留存，这是一个时代的个人记录。此中有文学、文化、生活；也时有动乱、战争、革命。我们整理史料，是提供一种俯首细看的方式，或者一种贴近近现代社会和文化的文本。当然，对这些个人印记明显的史料，也要客观地看待其价值，需要与其他史料联系和比照阅读，减少因个人视角、立场或叙述体裁带来的偏差。

知识皆有其价值和魅力，知识分子也应具有价值关怀和理想追求。清人舒位诗云"名士十年无赖贼"（《金谷园故址》），我们警惕袖手空谈，傲慢指点江山；鲁迅先生诗云"我以我血荐轩辕"（《自题小像》），我们愿意埋头苦干，逐步趋近理想。我们没有奢望这套《丛刊》产生宏大的效果，只是盼望所做的一切，能融合于前贤时彦所做的贡献之中，共同为中华文明的成功转型，适当"缩短和减轻分娩的痛苦"（马克思《资本论》第一卷第一版序言）。

　　《丛刊》的编纂,得到了诸多前辈、时贤和出版社的大力扶植。袁行霈先生、傅璇琮先生、王水照先生题辞勖勉,周勋初先生来信鼓励,凤凰出版社姜小青总编辑赋予信任,刘跃进先生还慷慨同意将其列入"中华文学史史料学会"重大规划项目,学界其他友好也多有不同形式的帮助……这些,都增添了我们做好这套《丛刊》的信心。必须一提的是,《丛刊》原拟主编四人(张剑、张晖、徐雁平、彭国忠),每位主编负责一辑,周而复始,滚动发展,原计划由张晖负责第四辑,但他尚未正式投入工作即于2013年3月15日赍志而殁,令人抱恨终天,我们将以兢兢业业的工作表达对他的怀念。

　　《丛刊》的基本整理方式为简体横排和标点(鼓励必要的校释),以期更广泛地传播知识、更好地服务社会。希望我们的工作,得到更多朋友的理解和支持。

2013 年 4 月 15 日

目　录

前　言

近代以来,理学家的省身日记得到较广泛的关注和刊刻,清代诸多书院皆藏有此类著作,部分书院山长还将其置入生徒必读书之列。这种风气或影响越来越多的人愿意用省身日记或笔记的方式,在日常生活中不断地进行反省与自我觉察,从而提醒和规范自己的行为。清代朴学发展而来的学术体札记与晚清理学思潮的回归相结合①,形成介于省身日记与学术札记之间的一种文体。加之风起云涌的晚清社会,各种思潮开始酝酿。维持统治的诸多因素,如科举、官场规则等开始出现松动。在此基础上,诸如家训等传统的类型文献,进入总结期,日记等看似无明显指向的文体,部分地承担了家训的作用。

当长时间形成的生活方式与具有稳定性的价值观,遇到正在转型中的社会,个体将如何自处? 处于晚清社会不同阶层的读书人会如何表达自身对转型中的世界的诸多看法与价值判断? 他们如何在多方思潮的激荡中,做出选择并有意识地传递给下一代? 本书所选的修身治学笔记,即聚焦于社会影响力有限的个人,反映他们如何组织自身所具有的资源,整合出应对时代变局的方法和旨趣,并小范围地"推销"其应世价值观与处世方法论。本书选择的五种笔记,展现的是晚清时段学术札记、修身日记与家训的合流,是清代"学者社会"进一步的扩大与下移。所选文献分别为黄昌麟《处世心箴》、苏源生《省身录》、胡培系《教士迻言》、方宗诚《志学续录》、朱福诜《论学述

---

① 费正清等编《剑桥中国晚清史》,中国社会科学出版社 1985 年版,第139 页。

闻》，其共同点在于以治世修身为核心，以劝谏晚辈为目的，然各人对所著书定位稍有区别。现以时间为序，略作说明。

黄昌麟，字月卿，广东嘉应人，著有《岳麓堂咏史》《岳麓堂诗草》《红楼梦二百咏》《经疑驳义》等①。黄氏所撰《处世心箴》共二卷，同乡谢国珍为之序，认为此书类属"劝善惩恶之书"，当归《扪心钞》《暗室灯》《平旦钟声》《惊世箴言》一类，可与许衡《语录》、袁采《袁氏世范》一类相比。后句虽是谢氏对《处世心箴》一书的礼节性推崇，然亦可见其书性质。正如黄氏自撰序跋中认为，推动其撰写此书的动力是"先代遗规，恐湮没而弗彰。爰广采历代故旧大家、一切名贤嘉言善行，互参融会，以拓充当日祖宗兢兢业业之遗训"（《处世心箴》卷首序）。故可知黄昌麟《处世心箴》，受家训等文献类型的影响颇深。

《处世心箴》中有诸多线索可以追到陈弘谋（1696—1771）所编《五种遗规》，例如卷一的"子弟务有执业"条、卷二的"子孙繁衍分析不宜太迟"条、"赡养孤独要有终始"条等引史典《愿体集》，其他诸条引王之铁《言行汇纂》、袁采《袁氏世范》、陈栎《先世事略》等，皆与陈弘谋《五种遗规》所辑篇名、条目相合。这种现象使得黄昌麟的《处世心箴》，颇似陈弘谋《五种遗规》的读后延伸作品。从陈弘谋《五种遗规》到黄昌麟《处世心箴》的现象说明，至少于家族世范内，在历代的家训或族训的反复书写中，已经形成相对稳定的思想内核和具有权威性的范本。如黄昌麟等人主要是做摘录、整理、内化的工作，其中新创的部分，更多以评价的面目出现，并非完全是个人体悟或感想。在家训的编选者知识结构中，当存在一个共同确认的经典合集，其所作的内容是在经典合集的范围中选出触动自己或与自家族训相合的

---

① 黄昌麟，生卒年不详，其字号、籍贯、著述信息参考袁行云《清人诗集叙录》（人民文学出版社 2016 年版）、中山大学中国古文献研究所编《粤诗人汇传》（岭南美术出版社 2009 年版）等，其《岳麓堂咏史》收入《清代稿抄本》第 48 册（广东人民出版社 2018 年版），其《经疑驳义》见博古斋 2017 年 12 月秋拍信息。

部分,再将经过自己实践检验的条目记录下来,教育子孙。

　　本次整理黄昌麟《处世心箴》二卷,以《晚清四部丛刊》影印咸丰十年(1860)刻本为底本。

　　与黄昌麟不同,苏源生(1807—1870)出身鄢陵苏氏,且与晚清桐城派的重要人物多有联系。苏源生,字泉沂,号菊村,孙衣言称其“超然于势利之外,自乐于名教之中”①,其生平见孙衣言《苏菊村目标》、方宗诚《苏菊村传》。苏源生所撰《省身录》共十卷,内容颇为丰富。每卷卷首有“鄢陵苏源生泉沂著、桐城方宗诚存之阅”,卷尾标注该卷撰作的时间。《省身录》所及内容长短不一,以较短的感悟性文字为主,如“随俗是学者第一病”(卷一)、“时时刻责自己,则力行自勇”(卷五)等,如此使其书内容较为浅显,颇宜被后学领受。部分条目时期分明,亦有日记的性质,如“道光丙午五月十一日,在梁园。夜梦吾母有怒容,若呵责予者。岂予存心有不可告人耶? 言语有不慎耶? 交友有不实耶? 书以自省”(卷一)、“四月十一日批课卷,佳者太少,颇有厌心。继而思之,文不佳是己教之不至,当生愧心,不可生厌心也”(卷六)。

　　《省身录》有方宗诚(1818—1888)为之作序。方氏在序中即将苏源生此书的儒学价值,归于鄢陵的地缘因素:“鄢陵地近河洛,为明儒薛文清公寄籍之乡。”(《省身录》卷首序)方宗诚的论述从地缘延伸到学缘,认为苏源生的书之所以为儒学正脉,有其学远宗二程、近宗薛瑄(1389—1464)之故。由学及书,具体到《省身录》,则是与薛瑄《读书录》气象相近。由此更清晰地将苏源生所作《省身录》固定到儒学切己体察之作的脉络上,“内以治己,外以治世”,“衍二程、文清之正脉”。正文部分条目有圈点,当亦是方氏所为。同时在曾国藩同治五年的日记中,也记载苏源生向其赠送《省身录》等著作诸种。② 虽《省

---

　　①　孙衣言《逊学斋文钞》,天津图书馆藏清同治十二年(1873)刻本。
　　②　曾国藩著《曾国藩日记》,岳麓书社1987年版,第1311—1312页。

身录》此书仅得曾氏"略一涉猎",然苏源生积极推动《省身录》与晚清桐城诸人的互动,已见苏氏对经营其作的用心。

本次整理苏源生《省身录》十卷,以《晚清四部丛刊》影印同治元年(1862)刻本为底本。

胡培系(1822—1888)的《教士迻言》与苏源生相似,皆依托重要的家族背景。胡培系,一名胡桂林,字子继,号霞坞,其事迹见杨岘《培系公传》[1]。绩溪胡氏以礼学传家,胡培系虽未如胡培翚般于礼学造诣深厚,然其作为世泽楼丛刊的编辑者,有意收藏家族著述。胡培系所撰《教士迻言》共三卷。卷一多言立学之本,乃为学守则;卷二内容涉及早起、为学旨趣、课程具体安排等细节;卷三则为入门所需必读书的阅读说明,包括读什么以及如何读等问题。

《教士迻言》第一卷卷首有胡培系题识。在题识中,胡氏不讳言其学养是在家族中熏陶与养成的事实,更将此书归于"平日所闻过庭之训及得于名师益友者"。《教士迻言》乃胡培系作教谕期间训学所作,经由此书的编写,在家庭内部的训导转移到公开的教育场合,其中的教导更由一家之学扩大影响,成为可供诸多学子参考的为学导引。卷三部分尤为重要,以"注疏及诸家说经之书"条为例,即是以开列书目的形式,对清代重要的经学著作加以说明。

本次整理胡培系《教士迻言》三卷,以《晚清四部丛刊》影印光绪七年(1881)世泽楼刻本为底本。

本书所选五种文献中,方宗诚的《志学续录》性质较为特别。方宗诚,字存之,为晚期桐城重要作家,其事迹见孙葆田所撰《桐城方先生墓志铭》[2]。当时的世界正以复杂的面貌震颤时人的内心,无论是笔记、家训还是日记,都显现出一种界限不分明的现象。此现象在苏

---

① 胡广植《绩溪金紫胡氏家谱》,清光绪三十三年(1907)木活字本。
② 钱仪吉、缪荃孙、闵尔昌、汪兆镛编《清代碑传合集》,上海书店1988年版,第4348—4349页。

源生《省身录》中已经出现。然《省身录》中有数条类日记语,方宗诚
以"儒学正脉"视之。而方宗诚《志学续录》则又稍有不同,其内容虽
多辨明学问义理的条目,但方氏题识说明此书性质时曰:

> 予自少为学,必有日记。光绪三年,在枣强删其繁复,略分
> 伦次,汇为八卷,统名《志学录》,以示子孙。……八年以后,读书
> 穷理,复有所得,始续日记以检察身心,有壬午、癸未、甲申笔记
> 三卷。自力于余年,期以终吾身焉而已。今衰病日侵,手不能
> 书,但能涵泳于心,而不复有进。于是因以前所续者,缀于前《志
> 学录》之后。(《志学续录》补遗卷末)

故而可知,方宗诚对《志学录》的最初定位为"日记",然"以示子孙"说
明此日记亦有家训之用。方氏后撰的《志学续录》,既是其读书有得
的学术札记,又是方氏检察身心的途径。方宗诚试图以日记的方式,
将四书中的主要义理,凝结为行事做人的准则,如卷二癸未笔记中认
为:"居敬穷理,学问之大纲也。分言之:治身,当整齐严肃;存心,当
主一无适;读书接物,当即物穷理;临事,当随事精察而力行之。日用
切实之功,如是而已。"方氏的阐释方式,是这一类文献普遍的创作主
张,即在儒学正典之中,推导出一套可以用于生活方方面面的行为准
则,使自己过上一种合乎义理的生活。

本次整理方宗诚《志学续录》三卷、《补遗》一卷,以《晚清四部丛
刊》影印光绪十年(1884)刻本为底本。

朱福诜(? —1919)的《论学述闻》与胡培系《教士迩言》性质相
似。朱福诜,字叔基,号桂卿,曾官翰林院编修,与沈曾植等人交
好①。此书是朱福诜"视学中州"时讲论"明伦之道"与"读书穷理之

---

① 朱福诜,生年不详,其字号、籍贯、著述信息参徐世昌《清诗汇》(北京出
版社1996年版)等。

功"的训戒,具体而言,其中训戒包含"先文公之书"与"幼所闻于师者"两部分,与胡培系"平日所闻过庭之训及得于名师益友者"基本相同,且撰作的场合亦颇为类似,只是《论学述闻》篇幅更小,乃朱福诜校试汝南时,"竭一日夜之力",录成二十条。前五条为圣贤治学故事,其余指示为学路径与读书门径,与《教士迻言》的内容相近,只是类目与范围略有不同。如胡培系《教士迻言》中"诗古文"条为:

> 古今集部之书,较经、史、子为尤夥。自周、秦迄两汉、六朝,以《昭明文选》为渊海。唐时最重选学,有"《文选》烂,秀才半"之谣。杜少陵《示子诗》云:"熟精《文选》理,休觅彩衣轻。"盖是书甄综群言,囊括众典,取之不尽,学者所当家置一编。自唐、宋以至我朝,诸家专集,美不胜收,择其性情之所近者从事焉可矣。总集如新城王氏《古诗选》、桐城姚氏《今体诗钞》《古文词(汇)[类]纂》、阳湖李氏《骈体文钞》,皆选本之善者,读之可以知古今之源流派别。

而朱福诜《论学述闻》中"词章之学"条为:

> 词章之学,应制者所不能废,《昭明文选》固当熟精其理。当读善注本。骈体则自任、沈、徐、庾以及李商隐《樊南文集》。李申耆《骈体文钞》有实非骈体而入之者。东汉、魏晋之文,遗漏尤多,体例殊未尽善。尝欲综录东汉以来之文,迄于隋代,都为一集。以未有写官,俟诸异日。散体则自唐宋八家以及归震川、方望溪、姚惜抱之文。古文选本以姚惜抱先生《古文辞类纂》及王逸吾前辈《续古文辞类纂》为最善。此外尚有恽子居、张皋文一派,学者当就其性之所近为之。至诗中之李、杜,朱子谓为本经。欲学诗者,必以本经为主。

比对二者的文字可知,时至晚清,各门学问进入收结期,核心经典已遴选完成。于词章之学,《文选》历数代仍为不易之典,清代姚鼐《古文辞类纂》经典地位亦不可撼动,远非其他选本可比。至于骈体文,虽观念稍有出入,然李兆洛《骈体文钞》则属于不可绕过的重要选本。在词章类之外,小学、史学、诸子学等情况类似。

本次整理朱福诜《论学述闻》一卷,以《晚清四部丛刊》影印光绪二十六年(1900)刻本为底本。

整体来看,若以修身、治学论,此五种文献中《处世心箴》《省身录》更重修身而兼有治学,《教士迩言》与《论学述闻》更偏治学,《志学续录》则兼而有之。然无论是本身即类属《家训》的《处世心箴》,还是具有教学、教子意味的《教士迩言》《论学述闻》,抑或是具有日记性质的《志学续录》,其中有诸多相似之处:

以目的论,五种文献皆直接或间接与教学相关。《教士迩言》《论学述闻》为训士语,《处世心箴》有总结先人遗训教导族人之用,《省身录》中存在多条与门人相处及训戒家人的笔记,《志学续录》承继《志学录》,本即有教育子孙之意。然而,更可关注的是五种文献对后学与子孙的训戒,都是以自身作为起点。《处世心箴》来源于自身对历代劝善惩恶之书的收集与体悟,《教士迩言》《论学述闻》中的治学条目皆是由自身经历总结得出,这一性质在《省身录》与《志学续录》当中则更加明显。

对所执倾向而言,五种书皆不同程度地回向程朱理学,并将其更广泛地延展至形而下的日用层面,同时展现出一种对只注重科举倾向的批评。黄昌麟于“盛世文章”条认为:“知文章仅一端,而以伦理义利、立心制行为要。”苏源生则更将功名词章与学问道德对立起来:“教者不以道德教人,而专以功名辞章教人。此学问所以日陋,而士风所以日下也。”(卷一)胡培系观点与之类似:“今之学者以读书为作文之用,其弊至于文行倒置,甚至文与行相背,此世道人心之大忧也。”(卷上)方宗诚虽无明确表意,然《志学续录》一书整体是将《四书》中的道理阐发至人伦日用的层面。这或许是因为在价值逐渐多元化的晚清社会中,士人面临应当如何自处等问题,重新进行的复古主义尝试。他们渴望得到一种具有稳定性的建议,使得自己在飘摇的社会中找到能够安顿身心的锚点。致力于总结世范的书写者们,均使用更通俗简明的语言,每条札记更短小,主旨更单一。弱化思辨与逻辑结构之后,文章以更为直接、易懂的方式展开。

经由日记、家训、学术札记的多方融合,著者晚年所作,呈现出将生活的诸种目的融合一炉的倾向。具有特别意义的家训表现出收集与感悟的结合,形式独特的日记具有治学意味与训子功用,而目的特殊的笔记则可游移于学术与生活之间。晚清修身治学主题的笔记,展现出浑整不分的面貌,同时与时代及个人的晚期同构性相关,即著者所处的时代与自身创作的年代皆具临近结束的时段。梳理苏源生、胡培系、方宗诚三人的生平与三本书出版的时间,可见《省身录》《教士迩言》《志学续录》的出版皆处于三人人生最后十年。从个人命运延展至时代风向,此一时段亦是清代晚期。一种渴望总结、归纳与整合的心理,笼罩清末普通学人。他们从个人、社会或家族出发,发出的个人之音,亦易伴随时代的强音,与之共振。在具有同构性的"晚期"中,窥视个人如何总结自身经验与时代的遗产,如何在社会变局的激荡下进一步固化价值观,亦如何在与时代变局的切磋中安稳身心,皆是此类笔记的价值所在。

因所整理的五种文献版本均较为单一,今流传诸本大多为成书同年刊刻。本书在整理的过程中得到诸位师友的帮助,在此致以诚挚的谢意。

丁思露

2023 年秋

凡　例

一、本书以简化字整理。除特殊人名、地名外，繁体字、异体字一般径改，有特殊意义的通假字予以保留。讹字以（）标出，并以〔〕补出正字，不确定者出校。

二、原稿征引文献多较随意，与所引文献通行本不同之处颇多，整理时保留原貌，意义基本相同者不出注，意义相差较大者酌情出注说明。

三、原稿征引整篇文章时分段较为粗疏，今为便于阅读，部分征引内容据文意酌加分段。

四、除特殊说明外，"□"均表示原稿本中空阙不书与漫漶不清之处。

五、原稿本除正文外，亦有随文小字。随文小字以小五号宋体字体置于原位排版。

处世心箴

嘉应黄昌麟月卿著

序

　　今天下劝善惩恶之书，不啻汗牛充栋。如《扪心钞》《暗室灯》《平旦钟声》《惊世箴言》之类，不可枚举。然或鄙俚而不文，或粗俗而乖雅，或专言因果报应，或侈谈地狱天堂。虽为下乘人说法，不得不尔，然于士君子立身行己之道，终觉游移而鲜据。求其精切不磨，可以传世行远，而卓然自成一家之言者，盖不可多得焉。黄君月卿以雕龙绣虎之才，为觉世牖民之举，念世俗之波靡，江河之日下，而将无所底止也，则慨然而为救世之文，尝于吟咏之余，手辑《处世心箴》二卷，书以示余，□□□□□则言言确当，字字精深。如仓公之用□□□□□庖丁之奏刀，辄批大窾。其文则布帛而菽粟，其理则折矩而周规，有裨于世道人心者，良非涉鲜，洋洋乎洵艺林之大观也。余尝考近世以来，若朱子《小学》之精，《颜氏家训》之切，许鲁斋《语录》之确当，袁君载《世范》之详明，皆足以扶持世教，引翼斯民，堪与圣经贤传并传不朽。是书之作，其可与古人颉（颃）［颃］耶？其不可与古人颉（颃）［颃］耶？吾不得而知也。且夫才不宏者识不卓，学不博者见不超。月卿嗜古有年，博览载籍，故其笔之于书，动皆可法可传，非胸有所得，不以贫窭易其心者，安能有此？此岂可以寻常劝善惩恶之书等量而齐观哉？海内之士，果能习传循诵，则立身行己，事事悉合乎天理人情，以之希贤希圣无难矣，劝惩云乎哉？时咸丰庚申立春前三日，愚弟谢国珍顿首拜撰。

自　序

　　且夫家国一理也，不可一日而无政。但胪列纷繁，存而守之，一字不能删；政复琐屑，循而行之，一事不能苟。吾家历代祖宗，纯厚居心，朴拙为训。虽族盛支繁，贤愚不一，而祖宗八字心传"礼义廉耻，勤俭耕读"为之准绳，无有老幼，无敢怠荒，无恃强凌弱，无依势暴寡。与寒微之族共处，互相爱敬，无相欺弊。数百年来，彼都人士咸称颂焉。于今世风不古，俗尚佻薄，墙内渐有诟谇之声，门庭复有游手之辈。而所谓"礼义廉耻，勤俭耕读"者，仅存其名而无其实，窃滋惧矣。昌生三代□□缅仰先代遗规，恐湮没而弗彰。爰广采历代故旧大家、一切名贤嘉言善行，互参融会，以拓充当日祖宗兢兢业业之遗训。总而该之，有三百四十余篇，汇为两卷，目之曰《处世心箴》。俾后起者有所遵循。若夫功名富贵，关乎气运，而祖宗家法，则不能随气运而升降，即圣人所谓"自古皆有死，民无信不立"之意。后之人莫聪明自用，轻薄自甘，以为繁芜琐屑，不足以供视听。斯言殆哉？虽然，鲁多君子，断不肯为斯而陨越祖规，必群相附会以挽回气数，则子姓之兴隆，又无有穷期矣。是以为序。咸丰十年岁在庚申上元日，月卿并书于潮郡旅舍。

卷　一

善恶两岐

善恶之人，不特肺腑、肝肠分为两岐，而声音、笑貌，迥不相涉。而造物报应，善以善报，恶以恶报；大以大报，小以小报，亦分两岐，一丝不错。何造物用权，不若使天下皆善？不特人省多少荣辱，而造物亦省多少烦恼也。不知人除大圣、大贤于外，无所谓善，亦无所谓恶。能听化导者为善，不就化导者则恶。当利欲昏心，善者常变为恶；一朝而悟，恶者常变为善。故天生圣人，躬教育之权，使之旋乾转坤，尽归于善人。当体天地好生之德，深仁厚泽之至意焉可。

人不可作自了汉

夫人谁肯作自了汉？愚谓人人皆甘心作自了汉，胸无其具，欲不自了，宁不自了。欲不自了汉者，惟有读圣贤书，行圣贤事，通权达变，有如范文正公，斯无负其为做秀才时也，方不自了。若王荆公泥古不化，误国病民，则不如不任天下事为妙。能可自了，无庸自了。

人最忌有城府

世上有一等阴柔奸险之人，脏腑渊深，满口皆说圣贤而心存叵测，令人不可摸捉。此等若辈见，当敬之、畏之、远之，而不可稍存怠慢之心，如郭汾阳之于卢杞是也。

严君平卖卜,出言孝子忠臣

按君平卖卜,即忠臣、孝子、弟悌而隐于卜者也。隐于卜,乃得与人言忠臣、孝子、弟悌利物济人之心。愚谓世有君平,而忠臣、孝子、弟悌多出其门矣。人岂必位尊爵高,乃为苍生所属望哉?

世上有自在天

人贵守分安命而得自在之天,视贫贱富贵而听之于数,遇不意之遭逢,亦只得尽人而合天。此等极乐境界,非胸襟具有海阔天空者,不能臻斯境。

立业不宜急,须访来历分明

人当富贵鼎盛之秋,往往谋人产业、风水、良田之属。明知来历不明者,以为势可压,弱可欺,而阴骘之事不顾也。不知天道循环,无往不复,盛衰兴败,在转瞬间耳。重者报重,轻者还轻。若急遽从事,听信奸人蒙蔽而买者,虽非心术而终不利。要立业者,务戒急遽。又有一等奸巧图人产业者,见亲邻有紧急迫切时,将附郭利便之业求售,而漫折其价。及为他人求所得,又以重价转求,反为旁人所耻。此等居心,大不可问。

戒贪财

夫人至身死,虽财积如山,不能分毫带去,而独带所造之孽随身。愚谓生前之孽能随身而没犹可,不知尚挂在人间口角。挂在人间口角犹可,而复流入子孙身受。死者有知,悔将何及?

人当为人称好子弟

按罗一峰先生及第时,以书寄子弟云:"所谓好子弟者,非好衣服、好官爵以夸耀闾里也。谓有好名节,与日月争光,与山岳并重,与霄壤同久；足以安国家，足以风四维，足以奠苍生，足以垂后世。前史所载诸臣是也。"愚谓观先生教子，欲为天下第一等好人；推其心，欲为天下人皆作第一等好事，宜先生大魁天下，自非寻常气节也。

农家要自珍重

人勿身居为农而菲薄自甘，礼让自废。古名臣将相以及帝王出身畎亩者，历历可征。纵富贵有数，而忠臣、孝子、弟悌之节不可不讲，莫仅存荷条丈人之风。

欲作大福，莫如公门①

大凡公门中，人人只知作祸大，而不知作福更大，何也？当桁杨刀锯之下，而存一慈悲之心，则超生也无穷；当罪恶未著之际，而存一保护之心，则感德也无既；当疾苦颠连之时，而存一救济之心，则沾恩也无涯。此不特指官昂而言，凡书差、门役、皂隶，俱一同功。所谓"放下屠刀，立地成佛"者，非耶？愚谓作福大，莫如公门者，为此之故。

浮屠追荐，俗难挽回

佛经妙谛，大有深旨。在昔王辋川、苏内翰及历代名贤同入此门者，不可枚数，大约以"忏悔"二字中寓有至理。浮屠之说，不过忏罪悔过也。夫人非圣贤，孰能无过？至若为人上者而为之倡，则举国若狂矣。将率天下智愚、贤不肖皆为沙门弟子，而所谓齐家、治国、平天下之道，尽归阿弥陀佛矣。身体发肤，受之父母者，致之不顾，无非欲像个阿弥陀佛矣。而纲常名教之大伦，尽化为阿弥陀佛矣。成何世界耶？试观佛骨之谏，惟昌黎伯独有卓识。所谓功不在孟子下者，谁曰不然？

---

①　此处目录与正文不同。目录为"欲作大福，莫入公门"。

聪明可虑更甚愚昧

为父母者，多以得子孙聪明为喜，其实可以为虑，何也？当年少时，任性自恣，而不以德业为事，往往为聪明所误，卒至不成人者，十常八九。纵能上进，为虑益多，或妨贤病国，或害人利己，不可枚数。无如朴拙勤俭、苦志自爱者，乃为有成。使达而在上，推其朴拙勤俭之心，可以教天下后世；穷而在下，推其朴拙勤俭，以教子孙、以授门徒，其利不已普哉？虽然，谓聪明人比比皆然者，大有所不然，不过借此以励彼耳。若能虚怀务实，好学不倦，则所造俱登上乘，此又非朴拙勤俭人所能望其肩背。

居家宜事事从厚，无物不化

大凡骨肉中薄与薄相待，则家必破；厚与厚相接，则家必昌。彼虽以薄待我，我则厚以待薄，久之薄者必相感而化矣。余家有海棠，红白二色共盆，初年红白二色迥不相混，再二年白化为红，相与为一。此非红润之味厚，而白者有感而化？物尚有性，而人可不如物乎？

论君子不宜吹毛求疵

按魏叔子《日录》云："当君子道消之时，尤宜深恕曲成，以养孤阳之气。今世所谓责备贤者，吾惑焉。"旨哉斯言！数语深为曲全保护天地元气之论。如灰烬之余，一熄尚存，亦可望运会之炽昌。如春秋之有孔子，战国之有孟子，至今万世赖焉。

盛世文章

按蔡梁村先生教子弟秋闱示帖，言："文章特一端耳。立心制行，更为要着。愿诸子弟笃伦理之际，严义利之辨。"愚谓知文章仅一端，而以伦理义利、立心制行为要，则舍古人，其何居？此乃国家鼎盛之秋，文物昌明之会，虽以时文取科第，亦以忠孝义利训子孙。岂特为子弟者获福已哉？亦天下国家之获福也。

论善人不可以一事弃其生平

魏叔子《日录》云："盖世道愈下，君子愈少。吾辈爱君子，当如贫家之爱惜财物，不得不曲护保全也。"愚谓数语不特为君子惜，但为世道惜。为君子惜者轻，为世道惜者重。读者当掩卷而三味之。

读　史

凡读历代古今全史，见前人勋业功名，勿徒自虚慕钦仰。当国家有事之秋，须要设身处地：如何细心调拨，如何实力做去，切勿如老僧空口念阿弥陀佛一般。

畏　天

按程汉舒先生《笔记》云："常人之畏天在祸福，学者之畏天在是非。常人之畏天，在罪孽难逭之际；学者之畏天，在事机将动之初。"愚谓仆敢多进一言，不特畏天，当兼畏人。盖天即理也，人不循理，何事不敢为？人者，天之耳目也。若不循理，则十目十手所指视矣，何事敢为？《大誓》①曰："天视自我民视，天听自我民听。"下有明征乎？

子弟务有执业

按史搢臣先生云："少年子弟，不可令其浮闲无业。无业，是送上了贫穷道路矣，虽遗金十万，有何益哉？"愚读此数语，觉涔涔汗下。时年五十有五矣，窃思一生自励，尚至贫穷。若不自励，未知何极？吾今老矣，为后人者其将何以自勉哉？

---

①　大，通"泰"。原文即为"大誓"。

人生有一知遇，可以无憾

嗟乎！知己难逢，俗情多鄙。将谓天下之大，无一可知者。不特得罪于人，并得罪于天，但问人有可知之具否？有可知之具，而自有可知之人。至若遇合通塞，而其中亦寓有运数在焉，前后未可逆料也。

亲三党，睦九族

富贵与贫贱，势分本隔天渊。至如处旅党，务要天水相连，互相关照。夫富贵之待贫穷，甚易事也；一顾而光照万里，一言而响若雷鸣，瞻望者岂特身受而已哉？若视贫穷而粪土，他人尚不可，况族谊乎？殆至弊端百出，尝有耳不及闻、目不及睹之事。

人当立品

天下自有公论，勿以身微，善不彰而品不立；勿以位高，恶可掩而品不立。纵当时冥冥，而事后昭昭。

医书宜与六经并重

六经以救人心，医书以救人命。已有神农氏出，不可复无孔子。至如异端邪说，害人心术，吾不特为造寒心，并为阅者寒心。

戒　贪

大凡理欲不能相混。穷理无厌，为福之基；贪欲无厌，即祸之根。请问富如石崇，此心尚有厌否？在昔孔圣称卫公子荆善居室者，无他，谓其能知足故也。

驭婢妾要宽恕，斯无轻生自残之弊

凡婢妾肠孰柔，性孰烈，见浅而量窄，得宠则扬，失宠则黑。得则是非生，黑则性命促。一有所触，其机则发，势莫能遏。此当调停于日前，毋惆怅于日后。若临机应变，莫如从容宛转，服一服降火凉药。

读书以明理为本

人可以应万事、接万物者，一理也。理在于书，至明至公；理在于心，有宰有主。善读书者，似勿放过一字，庶几有得于心。

禁淫书

近世淫书充栋。省会里巷，担书游门者，遍地皆是。闺阁绣户，公然税书消倦。愚谓造创此书者，自具一副淫才，借笔锋而驰骋其文阵，不特美人、才女领其趣，而学士、文人亦将移其神。盖荡子、淫妇心术自坏者少，为淫书而耸动者多。窃恐制此文字者，天将何以位置也？伤风败俗，莫此为甚。

能读书则贫富自能浑于无形①

富贵与贫贱相隔天渊，不特在人以为然，在己亦以为然。愚谓富贵者勿自视其高，贫贱者勿自视其低。富贵能以义礼自处，贫贱则以读书自娱，则贫贱与富贵又有相连之理，安见富贵、贫贱有天渊之隔哉？

居得为之位，当为苍生作福

人身居民上，正苍生所属望之秋，而能兴利除弊，慈祥保赤。在一邑则一邑沾恩，在一省则一省沾恩，在台阁则天下沾恩。若图聚敛，务必黜利兴弊，竭民膏脂。窃恐货财未入乎府库，而怨声四塞于人寰。商鞅之朽骨无痕，虐政在人间尚臭，竟至身亡，本于虐政之手，

---

①　底本目录作"能读书则贫富浑于无形"。

造物何其巧哉？

审幽隐，厚寒微

夫傲慢之气而加之于寒微，盲也。攻讦之心而施之于幽隐，毒也。盲也，毒也，将自戕其身也。

"忍耐"二字要有师承

史揞臣先生云人当"忍不过时，着力再忍；受不得时，着力再受"。善哉言乎！所谓仁人之言蔼如也。想先生出口时，无限从容，无限局量，诚令人三复不已。阅者务须体认两"不"字、两"再"字，有大学问在个中。

能存慈悲，佛更欢喜

佛法无他，慈悲为本。人能存慈悲济人之心，胜似昼夜入寺烧香。菩萨见之，若不现欢喜色相者，吾不信也。盖喜其心与心相印故。

德业相劝

仆生平不能为孝为弟、为夫为父，负罪实多。但见人而有此一德者，无不敬之重之，梦寐而馨羡之，逢人而称道之，无非望有所资益也。

人贵自立

夫荐己登科，操之在人；而立身修行，操之在己。舍己从人，而人不我与，则一生受困矣。舍人就己，则造就莫可限量，操纵自如矣。又安见安富尊荣者皆是人，而矢志自立者非人乎？吾不信也。请读诸史，上下古今得失判焉。

孤儿寡妇难致兴隆

妇人承夫遗产丰裕，子尚幼弱，而家不至败落者，百不一矣。每多托诸外戚，外戚则视为外府之物，可移诸内府，待至儿长而财已空。那时无所消算，家业凋零，饥寒穷迫，历历可数。夫不特家如是，国亦如是。即汉之高后将以刘为吕，唐之武后将以武易李，不有明征乎？若诸托诸宗族，利之所在而能怜孤恤寡、不垂涎者不数数靓。若如袁君载先生所谓妇人能自识书算，而所托之人又能稍知公义，则庶几焉。

天心报应不漏毫厘

尝谓天者，一大明镜也。虽人如恒河沙数，不能逃其鉴察。又尝谓天者，一大厘秤也。善积恶积，毫厘不爽。不在其身，即在其子孙。而奸险之徒，未曾身受，则以为天道无凭，妄行无忌。不知不报，在身者浅，在其子孙者深，为可痛。

人贵立志自强

仆尝谓天哀志气之人，志在圣贤则圣贤之，志在富贵则富贵之，志在贫贱则从而贫贱之。《书》所谓"栽者培之，倾者覆之"，不有可征乎？虽然，人贵当善用其志尔。

家务勤俭

人能一家勤俭，自食其力，则与富饶之家无有异焉。又能克己自爱，为人所重，则与贵显之辈无有异焉。不冻不馁，游优于光天化日之下，无处而不自得，又何必拘拘于绮罗肥甘也哉？

宽厚可邀天眷

宽厚和平，可以镇邪压物。纵有人欲陷我害我，及至跟前，亦冰消而雾释。而所谓可邀天眷者，天心人事尝相为依负故也。

处心行事当以利人为主

大凡处事有利于人者，见善即行，无庸思虑；利于己者，务宜三思,稍有不顺,此念可辍。

施药不如施方

积善之家,往往有刻出经验良方施送,此最善事。间有自作聪明,以为古方不可凭。同一方也,见诸抄本则以为秘方,载诸坊本则以为庸方。仆寻之绎之,医理之透莫如古人,立方之的莫如古人。至如通权达变,在用者灵机耳。试问今人安能贤如古人?

侠烈须重

侠烈者,乃禀天地山川刚毅之正气而生,能为天地立心,为生民立命,但未曾浸淫于《诗》《书》,而不能入于圣贤之门,故所济不众,所施不博,而流于侠也。太史公亦不因侠而薄其人。

造物报应,机权莫测

尝思利害祸福,自天子而至于庶人,善善恶恶,莫能逃其形。且报应机权,曲曲折折,莫能测其用。天乎天乎,莫能名乎。

暗箭射人,切莫夸巧

刀斧伤人,有药可治,纵中血脉,不过一人。暗箭伤人,甚至破家荡产,虽有君子,莫能辨其伪;虽有国法,安能入其罪? 使非昭昭之天,则流毒将无所底止。人固可欺,而天其可欺乎?

淮阴侯千金报德①

风尘中而能识英雄者,古今几人? 漂母眼力,直空千古,又不通姓氏,盖使王孙之有以自立也。嗟夫! 英雄困顿,失路谁悲? 千金之报,岂特为知己也哉? 盖有感于晨炊蓐食时也。

---

① 此处目录与正文不同。目录为"淮阴侯千金报应"。

论人成败

世俗以成败论人：成则颂扬天高，败则犹恐不落水底。此中有数，局外者不必喜，局内者不必忧，俱徒自苦耳。

防夜便宜

每见富贵家防夜设梆巡锣，至周且密。愚谓不如睦宗族，和乡邻。盗来，同心捍御，较养勇士更关切。

炫耀己能供人厌听

大凡人之才能学行，真有其具不用说，无其具尤不当说。不特愚者为之厌，智者更为之厌，何也？夫传之在人者，其声远而宏；出之在己者，其气骄而吝。且妒贤嫉能者，比比皆然，而何有容尔说话地步？切宜痛戒。

戒论人之是非

人贵有执业，有业之人惟日孜孜以求其成，何暇计及人之是非也。好论人之是非短长者，必游手无赖之徒。纵身居士林，不特德薄，并且福薄。

立心狠险人宜避

尝思剑戟之尖利，不如舌锋；舌锋之尖利，又不如心术。古人目李林甫笑里藏刀者，盖不知杀了多少人也。虽有鬼神鉴察，吾见此人，仍不免为之战栗。

处富贵贫贱

身居富贵，不忧人，不趋附，心胸要旷达知人，则不致有庇护比党之患。处贫贱，不能不曲节求资于人，而内蕴要有主宰，庶可免阿媚谄谀之诮。

戒无常

为人须要有常,无常之人不特不能立身,并不能干事。古语云"少壮不努力,老大徒伤悲",二语当为年少人刻刻书绅,莫至悔之无及。

婢仆不知廉耻,不可用

处下人之道,在驾驭而不在责骂。责骂益助其顽,驾驭可警其悟。至无廉耻,则无事不可为,无法可治矣。

观人不易

若夫善善恶恶,其人易观;似善非善,似恶非恶,其人难观。何也?此等人心性和平,善迎人意,不惮烦劳。往来交接,不相为忤,不特小人喜其善,即君子亦多称其顺。私心自问,以为天地间人皆入其智术中矣。以是图利则利,图食则食,左之右之,无不宜之,圣人所谓"乡愿德之贼"者,非指斯人而云然乎?窃观其意,虽随声而附和,然一段趋炎慕热之概,别有伎俩,又非一二事得以窥其奥蕴。

人不可为人所畏

凡士农工商,与人往来交易,要为人所爱,不可为人所畏。一有所畏,则其人之立心制行不可问矣。

人当有艺

在昔邓禹身为帝师,位居王侯,富贵极矣。有子十三人,读书之外,令各习一艺。推先生之心,不使少年人空闲放荡,即或爵除禄去,儿孙亦有以资身。且业艺可舒可卷,可贫贱可富贵。使有业艺而犹至于冻馁者,未见其人矣,未闻其语矣。

人不可因财而坏品

天下为利之害人坏品者，十之七八。下流之人不足论。往往有端方之士，一登利欲之场，不特换过一样心肠，并换过一样面孔，不觉前后分为两人，令人大有所不解。故圣人谓见利思义者，盖特保全君子一生品节也。

处世毋争虚体面

世上因争虚体面，至家道零落，遂至饥寒者不少。愚谓居家之费，惟父母分上一切不可省。若百年后大事，虽典产治丧，虽至空乏，竟至冻馁，谁曰不宜？其余凡嫁娶生子，俱从省约可也。

贪利流害

按颜光衷曰："顷有富者，贪利苛刻，不知礼义为何物。迨身死，子孙不哀痛、不治丧，长幼男女互相争利，遂致斗讼。其处女亦蒙首执牒，诉于公庭以争嫁资，为乡党笑。"愚谓如此流害，因鄙陋吝啬，不讲礼义，以致父子无恩，兄弟无义，男女无别，遂至处女蒙首公庭，可谓贪利之心重，廉耻之道丧矣。此咎不在其子女，咎在其死者。

悭吝不得与俭称

唐翼修先生云："悭吝与俭大有分别，当于理谓之俭，吝于财谓之悭。"愚谓悭吝者，恐天地晦气所钟也。尝见有富饶之家，尚无嗣息。族中有紧急告贷，一文不舍；世上一切利济之事，一毛不拔。族党以危言恐之，置若罔闻，再不回头一顾。此日家资，将来是谁消受？人为此等人怒，吾为此等人惜也。悭吝之人，岂得与俭同日而语哉？

节　欲

夫无欲则相安，有欲则相夺。惟能俭乃能节人，何必以欲累此身心哉？

教子要得其要

望子孙守孝弟忠信、礼义廉耻，责之于父师者在前，责之于子孙者在后；责之于子孙者轻，责之于父师者重。不有先以开之，而何有后以继之？所谓燕翼诒谋者，岂特置产业而已哉？当预为之教可也。

人当处处取益

子弟智识初开之时，为父师者，岂特教之读书、作诗文已哉？须要处处指示：无益之书勿看，无益之友勿交，无益之笔墨勿动，无益之地方勿到，无益之事勿为。昔胡安国先生凡子弟宴集，必问子弟共席之客何人，所论何事，有益无益，以是为常，俱无非为子弟随处取益之义。

富贵不可存克薄心，当留子孙地步

夫人当富贵之日，所为皆克薄，生前赫赫，身后冥冥。而子孙竟遭凌辱不堪者，不特人待之久矣，而鬼神亦待之久矣。何也？盖克薄之所致也。而所谓炎凉者，非见性之言。

人子送亲，棺木为要

重棺木者，即孟夫子所谓"且（彼）[比]化者，无使（上）[土]亲肤"之意。为人子者能虑至此，自能慎终，无至有悔。

祭祀俎豆，不可虚应故事

夫人能厚祖宗血食，他日子孙亦能厚其血食。不特天道循环，无往不复，即为子孙者，亦有以效法也。勿谓眼中未见其来格来享，而忽略苟且，则效尤者更不可问矣。

欲安先灵，非仅拜墓虚文

为人子者，勿仅知有生事之仪，而死后无所事事也。又莫谓祖宗之远见丘墓，而见土堆也。读王朗川先生《言行汇纂》，录云："凡春秋祭扫，必剪棘培松，细审茔头，有倒塌漏痕、狼窝獾洞乎？有恶树蔓延，根荄侵迫穴地乎？或斩除，或修筑，上紧料理，庶几祖宗安，子孙因之而安。若坟土崩溃，封木凋零，而子孙亦从此凋零，日甚一日。人只知生长传由祖宗，不知盛衰亦跟乎祖宗，此乃经络血脉互相贯通也。"

敬神祀祖，精诚要有所属

神道至灵至显，果能诚其意、净其心，享祀之时，诚与神相感，则如在其上、如在其左右者，理有固焉。若不洁其诚，不端其行，虽曰"吾享祀丰洁，神必佑我"者，俟河之清也。

论风水

世上风水之说，固有每从《阴骘》中而得，今人谋风水而每伤阴骘，纵风水有灵，而天理安在？人不能逆天而独邀福于地灵。

星象占卜

趋吉避凶，圣人亦有所不免。然当占之平日，毋占于临时。何也？吉人占之则吉，凶人占之皆吉，恐未必然也。

要安古骸

阴穴者，死者之安宅也。扫祀者，死者之血食也。有力之家，已卜其地，始掘得古人棺骸，则不特另择地以葬之，且当随祀以祀之，庶为有益。不然，将本穴交还，伏土掩之，而鬼始安，盖物各有主。故夫世之不肖子孙，卖祖宗坟茔，使祖宗孤魂无依，毫无顾惜者，细推此理,皆由祖宗未曾积德之所致也。人当富贵之日,依势作威,而阴骘报应之事致之度外。谁知祸仍流及本身,骸骨暴露,殆至露冷霜寒,炎威酷暑,餐风吸露,啾啾唧唧于古壁苍松之下,嗳其泣矣！何嗟及矣！

祖宗坟茔外有碑,内要有志

近世人心不古,依势凌人者十居七八,而狱讼纷繁,大半是侵占风水,甚至强横霸道,不顾姻亲,不顾姓氏,惟尽其力之所至。虽有四方界址,亦诡谋百出,而寒微之家,常抱屈终天。若有公正廉明官长,庶能惩奸锄恶。不然,世之罹此害者无庸伸诉。内志外碑,毋可忽哉?

住宅乔木,关乎盛衰兴败

夫树木赖人之栽培,勿剪勿伐;人赖树之蓊郁,卜世卜年。当隆盛之秋,家有约束;衰败之际,自相戕贼。若求保全,须有明训,使世世子孙永遵毋违可也。

缙绅先生要为地方做福

缙绅者,诗书簪缨族也。身为一乡一邑所仰望,作福易,作祸亦易。愚谓作福易,作祸诚不易。作福不过存一忠厚心,不作克薄事。凡有义举而不推诿,日积月累而不自知。若作祸,克薄一人,而人尚勉强消受。克薄人人,窃恐将无容身地矣。愿为乡绅者,莫如作福。

士人宜自珍重

夫忠孝节义、顶天立地事业,俱从士人身上做出;而害国病民、伤风败俗事,亦每从士人心上做出。然作顶天立地事者少,伤风败俗事者多。窃愿人读圣贤书,当明圣贤道,毋与庸夫俗子同类焉可。

业艺要精

夫百工之艺固要精，而执业贵要慎。精于大中至正之艺，其后昌；精于淫巧奇技之艺，其后灭。故圣人云："择术不可不慎。"

为商贾，心不可些歪

观商贾伎俩，用心如用兵，喜胜不喜败。或买或卖，有神出鬼没之奇。胜则惊动四邻，败则诡计百出。夫价之低昂，无怪其然；奇货可居，无怪其秘。总之，务要均平，而大斗小秤，有关天谴，间有更甚于此者。所谓心不可些歪，谓此之故。

医家要慈惠

医道最大，但明医理者少。若不明医理，妄施药饵，其害不浅。医理明而又存惠爱之心，则普济也无穷。故范文正公所欲为者，谓能济人。

隆冬酷暑，当视物我一体①

饥寒酷暑之苦，人物皆然。能推此心，以处己接物，则万物各得其所，福泽亦源源而来。

改过勿惮

人当灾祸、疾苦颠连之际，皆知悔过，殆罪戾脱、病患平，不复记省矣。不知悔过之心，虽杀人放火之强盗，亦有此心，但不改耳。若人亦不知改，是人乎？是盗乎？

---

① 此处目录与正文不同。目录为"隆冬酷暑，当视物我为一体"。

富贵家忌用狡狯人

家中而用狡狯人为(瓜)[爪]牙,则主人亦必狡狯可知。主人狡狯,则子弟辈狡狯更不必问。由是祸患之来,岂能待乎身后耶?

佃人有吉凶事,宜厚赒之

盖亲戚乃一代之亲,主佃乃十长之久。宜宽而不宜克,宜密而不宜疏。庆吊之举,礼不可失,彼则感激,已沦肌而浃髓矣。

溉田、沟池、井塘务宜早备

夫田业,所以养一家之衣食也;井塘陂湖,所以灌一家之田禾也,可不早为修整?《中庸》所谓"凡事豫则立,不豫则废",能遵斯训,庶免饥寒。《袁氏世范》云:"今人当修筑之际,靳出食力,及用水之时,奋臂交争,有以锄耰相殴至死者,遂至兴讼。世之因小失大,比比皆然。此咎不能归之佃人,皆田主悭吝之罪。"

荒山闲地不可任其废业①

此见人不可惰,地不可荒。无惰无荒,家道兴隆。

田园山地界至宜明

按《袁氏世范》云,世有一种小人,"幸其界至有疑,故令原契称说不明,因而霸占"者。凡奸险小人,别具一付心肠、一付伎俩,令人不可揣摸。若遇不明官长,不大伤元气乎?界至分明,尝受此等类辈害。有产业者,可不慎乎?

---

① 底本目录作"荒山闲地不可任其废弃"。

凡田产价廉须要详慎

大凡物美而价廉者,必有大弊,况产业乎? 勿至事成而不能卸手,竟害及子孙而莫能脱,如屯田、鬼计粮之类是也。治家者,务宜详慎。

贫富无定势,田宅无定主

夫人遭家不造,以致典卖田园庐舍,其紧急之苦,大不可问。《袁氏世范》有云:"世之为富不仁之人,知其用之急,以产业求售,则阳距而阴勾之,以重扼其价。已成价,则姑还其值什之一二,又约于数日而尽偿。"此等人遍处皆有,数语搜出刻薄人一副心肠,然刻薄成家,理无久享。他日自己的田宅,子孙骄奢淫佚,顷间败尽,所置产业,鬻之他人,而买主亦将步乃祖乃父之故智矣。夫报在子孙者,其罪重;及己身者,则罪轻。世人因见穷凶极恶者,报未及身,则以为天道为虚诞,孰料天心其可测乎? 常如人愿,欲近即近,欲远即远。

乡里义举随力相助

大凡独力难成,协众力以维持,所谋皆成。若一人可推,众心可却,天下事往往因一人而败者,又往往因一人而成者。如造桥修路,水灾荒歉,一切义举,此最大事,勿令人先下手。能尽心力而为之,普济最广,则家道昌隆,可绵可远,可永可大。

忌以假混真,获息致富

夫致富有数。若居心尖刻,以假混真,因此而获息致富者,天必降之奇灾横祸,使之一败涂地,尽赴东流。则己以为退之何速,在人以为来之何暮。

敬天命

或曰:"天命无痕迹可求,欲敬而无所属。"不知事事有天命,刻刻有天命。稍为不顺,则理为之左,理左则事不成,由是而十目十手所指视矣。斯时将欲敬天,天不为尔敬,鬼神不为尔福。《书》曰:"获罪于天,无所祷也。"不有明征焉?愚谓不敬天命,不得以为人。

人当自责

大凡责己深者,可望寡过;责人深者,甘以为过。然能回心自问,则责人之念少息。

人贵有定见

夫人能从大处着想,则志虑有所专,不致为物欲所摇。虽遇逆境,我自有我境,与心两不相涉。

挟诈伪以饰善良者诬天

苍苍者天,至明至净,一毫不能潜昧。稍有居心,无有不败。纵能潜于一人,未能潜于人人。能潜于一时,未能潜于毕世。惟端正诚朴,乃可邀天眷。

自　爱

立身勿相形,处事当相机。若菲薄自甘,则有玷父母所受矣。

好善恶恶,勿露锋芒

盖仁人君子,有彰善殚恶之权,有教化善恶之责。然宜宽而不宜严,使迁善改过者得从容而默化。

满招损

善之在天壤间,如恒河沙数,合千百人之善,犹恐不能罄其蕴,尚可自满乎?满则损至矣,乌可自招?

勿贪便宜

尝观世之损人利己者，每以得便宜为长策，合家以便宜居心，不知头上一大明镜，照之毫厘不爽；冥冥中亦有鬼神鉴察，点滴不漏。人安能逃此便宜也？

戒放纵

世之淫荡自恣者，声气捷如影响，无往而不适其欲。见守礼法者，以为庸腐陋劣，徒供喷饭，不特鄙薄，而且揶揄，不知为识者窃笑其旁久矣。弄至家业萧条，形影相吊，前日所揶揄者，对之俯首而不敢仰视，何其前后而分为两人也？

家门嗜德不嗜贵

按陈定宇先生《世略》云："伊自始祖至府君，十有八世矣。他房有以儒学显者，惟本房独无有。惟《洪范》五福，独占其一，贵不与焉。寿皆八九十，无下七十，且无再娶、无祝蝮者。子孙众多，皆称善人，无一为人所指者。家虽窭空，而经炊史酌，漠不关心。"善哉善哉！未知何修而得也，又何论乎贵显？有贵显，则荣辱得失之事自此而生；有贵显，则死亡贫苦之根自此而始。而所谓黄发垂髫，怡然自乐，不又在人间耶？

学贵勤确谦抑，不贵聪慧警捷

王阳明先生一代伟人，其训士也，不以聪慧警捷为高，而以勤确谦抑为上。如此鼓励振作士风，则数十年来，不知栽培出几多良材杞梓矣。千百载下，犹令人师仰。

改恶从善

佛家最忌杀生，然放下屠刀，立（此）[地]成佛，人可不急切回头！

责善朋友之道

按王阳明先生《示龙场诸生教条》谏师款上有云："使吾而是也，因得以明其是；吾而非也，因得以去其非，盖教学相长也。诸生责善，当自吾始。"捧读数语，大可见先生检束身心严而密，教训后学曲而婉，与曾夫子三省之义同。先生现身说法，当日诸生不特恧守成训，且步亦步焉，趋亦趋焉，有如七十子之服孔子也。后之学者勿徒景慕焉，当师法焉可。

人当存天理、识是非

昔泰和有一聋哑姓杨名茂，尚能识字。一日求见阳明先生，以字问答曰："吾口不能言是非，耳不能听是非，但心尚能知是非。"先生答曰："尔口不如人，耳不如人，心尚如人，即可以做人。此心若能存天理，是个圣贤的心。口虽不能言，耳虽不能听，是个不能言、不能听的圣贤。心若不存天理，是个禽兽的心。口虽能言，耳虽能听也，只是个能言能听的禽兽。"数语说理透亮，骂尽一切、唤醒一切。阅者虽顽夫当廉，懦夫当立，不然，则与禽兽又何异焉？

明善恶以持身

大凡子弟之不肖，多由于匪僻淫荡之朋比，诱惑蛊串。此等人冥顽无耻，智术百出。遇此等人，到此等地，而能心地明白，不为其所迷惑者，贤智也。呜呼！人心可畏，远之则可，驱之则不可。

梨园观剧

夫世之最易移风易俗者，莫如观剧。见忠臣孝子故事而不堕泪者，非人也。见淫荡秽亵之传神而不移情者，非人也。主持世道者，当黜其邪而存其正。

端　品

夫人之立品，当如妇人之守节，务要坚贞。富贵贫贱不能移，颠沛流离而不变，方称得是端品。

正　心

圣贤处世专论心。心故有邪正，然正者学得邪，邪者学得正。此中要有把持，免致为人作诛心之论。

审　思

处世甚难，每事一出，是非得失，议论纷纷。不合理者，不免物议，即合理者，亦难免诽谤。然此不顾可也，惟着意时先问诸心，临事时当审诸行。所谓"小不忍则乱大谋"者，圣人盖有见世道人心不能一置，无分今古。望天下后世，当忍于成，毋废于气。

治家不宜存偏心

为家主者，最忌偏心。若无二字，虽千百子孙媳妇可处，即十世亦可同居。凡为子孙媳妇者，亦当体为翁姑之操劳辛苦也，不宜半点任性。

年轻失怙恃者，务宜择交

世上有油滑阴险小人，日专事于引诱人。良家子弟过日子，见有身无人管束者，先诱以酒饭，后诱以女色，复诱以赌博。一入他圈套，不特家产荡尽，渐而至于衣食不顾，廉耻不顾，遂成流品，将祖父生前声名尽坠。由此观之，亲君子、(道)〔远〕小人，岂特谓有国家者当如是耶？

子弟一生学业在蒙童始

愚谓子弟端本之学,全在得师,得师又全在训蒙时。《易》曰:"蒙以养正,圣功也。"盖当童蒙时,智识未开,凡一切取舍得失,俱听凭于先生。迨至长成,渐有主见,能择良朋切磋,以成其学业。此时得之于师者半,得之于友者半。若延师不择人品学问,或因亲戚情分,或因故旧面目,则子弟一生学业自此误矣。

处世要如聋瞽

大凡处世有毁谤我者,实有其事,非曾目睹耳闻,亦可置之不论,省却多少闲事。而述之者无足见其长,闻之者亦必深感其度。

与穷人交易勿占便宜

交易遇穷人,起一点浑厚心,则贫人叼费多矣。

寒微亲戚宜加意厚待

亲戚寒微来至富贵家,多少羞涩。至如奴仆之待人厚薄,亦观主人之轻重与耳。若主人未分轻重,早被下人已屑越去矣。

正名分

治家而名分不正,大非吉祥之兆。孔子云:"名不正则言不顺,言不顺则事不成。事不成则礼乐不兴,礼乐不兴则刑罚不中。"数语不特国如是,家亦如是。虽英雄豪杰,总不出圣人范围。

睦　族

按王士晋《宗规》有"三要""四务"。"三要"曰尊尊,曰老老,曰贤贤;"四务"曰矜幼弱,曰恤孤寡,曰周窘急,曰解纷竞。此"三要""四务",事美法良,不特一人能行,要千万人能行;不特行之一世,要行之千百世。苟能如是,行之一乡,则一乡可称乐土;行之天下,天下皆可称乐土。

重谱牒

族中氏系,如黄河之水,有本有源,虽万派千支,无不连络乎江海。不然,子氏之蕃衍日繁,而盛衰升降之淘汰不免。故族有谱,氏有系,序有详,所以昭雍穆以敦族谊也。可不重乎?

妇　道

按王士晋《宗规》云:"教妇在初来,择妇在世德。"愚谓治妇人之病较男人难,教妇人之道教男人尤难。其心多忌,其性多偏,所以难乎其难。世德之家,稍知礼义。

敦　子

夫功名富贵,天定也。虽教而不得者,其何几? 至如礼义廉耻,天良也,如日用饮食而不可缺。此如不教,犹得谓人乎?

痛戒刻薄

毋恃强凌弱,毋倚众暴寡,毋靠富欺贫,毋捏故占人田宅风水,毋侵人山林疆界,毋放债违例过三分取息。凡此皆刻薄恶习,近世奸险之辈,专于此为才干,不顾其后。而能存天理阴骘,做人痛戒此弊,子孙无怪其炽昌。

举贡监秀忌入公门

近世稍有身分,尤宜加检束,切勿出入公门,包揽词讼,舞弄文法,颠倒是非,害人最酷。若非道于正道,虽富至巨万,亦人所不齿。且子孙骄奢淫佚,奇祸桢生,窃恐坟土未干,田园庐舍已属他人,良可慨也!

能忍免祸

大凡祸患之来,多非出于自己主张。每为旁人挑唆,讼师摆布,此等人暗里藏身,以私报怨,弄得人家破人亡,才称手段。不知两造俱伤,旁人脱然事外,如梦初醒,悔无及矣。愿世人当有事之秋,能可吃亏忍辱。又安见能忍人者适足见耻?

务俭约

夫人能俭能约,故是美德,然又贵得中。当出时,要想所入何如耳;当入时,揆之于义何如耳。虽家道丰亨,亦当思物力维艰,不特可以惜财,并可以惜福。若家道清寒,尤当省约,以其求人不如求己。

三姑六婆,务宜杜绝

家门有此等人入门,不特贤妇淑女把持不听,即无智无识之男子,一听妇人之言,亦将为所移矣。迨至身坠其中,则听其所束缚。不怕尔银钱不能吝,有命不敢不从,那时祸福利害,在其掌扼中矣。

居家处世要法

居家处世,而无纪纲、法度以驾驭之,不能一朝居。而所谓去谗远色、贱货贵德,有身家者,当为龟鉴。

丧葬不可停久

夫人死则归土,土者,骸骨所凭依也。近世有风水阴阳之说,竟至数十年而不葬,父母何辜?人子之心安在?且人心最不忍睹者,殡也,况父母殡乎?即生前所用什物,未免对杯棬而系怀,况父母骸骨所藏乎?为人子者当熟思之。

未葬不变服，无背于礼

世有父母未葬而不变服者，或有讥之曰："饮酒食肉，处内如常，而独不变衣冠，则文存而实亡也。"愚谓三代以上惟恐好名，三代以下惟恐不好名。若未克葬而不变服者，刻刻有葬亲心在，触目尚可警心。

事死如事生，事亡如事存

祖宗者如树之根本也，子孙者则树之枝叶也。如欲枝叶茂盛，宜深固根本。能事死如事生，事亡如事存，则祖宗安，子孙未有不蕃衍、富贵而炽昌者。

辨族类

近世族类大为不讲，潮俗尤甚。丰裕之家买嗣为继，不特不同宗，且不同姓。夫人非族类，其心多疑，其性多诈。迨至蔓延滋长，自成一旅，争夺相杀，自成一国。此族中受害不浅，祖宗之血食从此殄灭。《春秋》所谓"狼子野心"故也。族类可不严辨乎？若不得已将祝螟蛉，宜选祖宗一脉所传，亦稍知礼法，初不至有丧伦败德之行。

教妇女之道宜在未出阁时

读熊勉庵先生《不费钱功德例》上有云，教妇人之道，最要紧者：不凌虐婢妾。不残害前头子女。不愤气詈骂丈夫父母。不笑妯娌贫乏。不挑唆妯娌不和。不倚父母家势而傲夫家。不恃父母爱凌虐哥嫂。不欺哄丈夫。不偏私向子女。能如此者，妇道庶几近矣。愚谓妇人不读诗书，不涉世务，而不犯此弊者，贤而有德者也，不易得见。夫天下事，未有不教而成者。母训宜施之在先，当未出阁时，父母将此文字讲详，使女子心领神会。已嫁丈夫，又将此段文字申明。凡一言一行，仿此做去，窃恐天下妇人欲求其不贤而不可得。

选将士在作事上看

凡士卒而不卤莽从事者，必可为国家出力。出力之人，断非久居人下者，而又能武艺过人。所到为民作福，则封侯在不远矣。

僧道要守清规

天下名山僧占尽，此天特位置僧道者也，而能洁净其身，恬淡其欲，或诵经，或采药，独往独来，则居然一世上神仙矣。非然者，不守清规，不严戒律，则不如不做为是，斯无玷道观空门。

为何读书而至老大无成

尝观世俗之子，读书十数年而不能说一话，干一事。父母跟前，诸多卤莽，出而涉世，动辄得咎。而所谓读书者，果安在哉？盖一窍不通，一字不解故也。能将朱晦庵先生《家训》熟读，虽顽石亦当点头，此不必拘是何等人，即渔樵耕贾之暇，黄童白叟、妇人女子亦可作长歌吟，不一大快事哉？不特有益于身心，斯无负前贤维持世道之苦衷云尔。

人生不可虚度光阴

古人云"人生如寄旅"，不过转盼间耳。想人之有身也，切勿空过此一回。在世上能念及此，自能勉力做人。

居家只得言情

处家之道，情多而理少，常理直而不通乎情，犹与无理者同。情重纵不合于理，而人亦相量，亦与有理者等。故处家与处世之道，迥不相同。

戒奢华

按张考甫先生《训子语》略云:"慢藏诲盗,冶容诲淫,一事两害,莫过于此。"数语写尽世俗流弊,若能认得两"诲"字,自能检束官骸,敛厥心志。

审报施

报施之道,勿任之于气性,须揆之于义理。任气性恐有枉作,揆义理则所施有当。

处伦常之变须要明哲

夫伦常之变,祸患百出,非笔所能尽罄者。而能有以自全,斯人大有学问,亦天有以玉成其人也。但须明哲,斯可远害。

族中有贤肖子弟,当为保护

贤肖子弟,世上亦不易得,而族中有此,岂非祖宗风水所钟乎?使贤而至贫穷有力之家,或教训之,或顾恤之,加意周全,不至斯人落魄风尘,此不特体祖宗均爱之心,亦体天地生才之至意。厥功岂不大哉?

亲君子,远小人

君子难,知君子更难;亲之难,疏之更难。惟能持身端正者,则君子不亲而自亲,小人不远而自远矣。

师道宜先自尊重

师道之有益于人也最大,非品学兼长者,不得以言师。然而世风不古,人心日漓,斯文扫地,已有日矣。吾知世人固自戕贼其子孙,然师道亦未免无惭德。

节财流

居家吉凶、庆吊、馈问之仪,当称家之有无,不可因人富而勉强,不可因人贫而忽略。量入为出,尽之于心焉可。

有子不教,薄于待子

夫子谁肯薄待其后嗣?然舐犊之爱,则不薄而自薄矣。至若不教而成,古今来屈指几人。

好货财私妻子

兄弟共处,不和之事多。各储私蓄,则不和之事尤多。父母心平,不和之事尚少;若有偏袒,则不和之事层出。所谓治家难于治国。愚谓惟天至公,惟天至明,人当骨肉之变,宜隐忍而俟未定之天,可也。迨至当日所好之货财,俱为妻子败尽,复何益哉?

女子家贫,父母兄弟量力周恤

女子穷靠娘家,自古皆然。《左氏》所谓鲁虽弱,秦、晋辅之,而鲁得有以自固。量力而行者,亦宜自卫其藩篱,毋至大过,为旁人笑可也。

择婚当自旧亲始

圣人云:“婚姻之礼,至大礼也。”不可不择,择自亲始。旧亲若无,当选里中名德故旧之门,而礼让家风,乃有承训。纵目下寒素,贫淡自甘,昌盛之隆,不在其身,即在其子孙。若攀附非偶,多少刺目,何暇论其余?

鳏寡孤独废疾之人,当存矜恤

凡此皆穷而无教者,若遇此可矜恤之人,当矜恤之,勿询其为人何如，亦不必拘于族党。凡目有所睹、耳有所闻，亦当存此矜恤之心，随力之所能为可也。

御仆人须知上行下效

驭仆人有道，但观乎主人。主人一家，能孝弟忠信，则仆从婢妾，亦必能知孝弟忠信，则名分不严而自严矣。至如游惰，不宜稍宽其责。

妇人戒入庵

妇人佞佛之说，不特天下同病，古今亦同病。然总非兴隆之家所宜有，礼义之门所宜行。欲保世滋大者，当以此为训。

处贫处富俱要有主宰

夫所谓有主宰者，何也？凡事之所至，不为物欲所摇，而有以自主。当困苦之日，宜抚心自问，此吾无能之所致。时运之未通，而非天之所以薄待于我，人有所害于我，勤益加勤，无致冻馁，此御穷之道也。处富贵之日，毋自炫耀，勿自夸张，宜思祖宗阴德之所致，上天有意于我。谦而愈谦，无敢骄佚，此长享富贵之道也，是以贫富浑于无形，是谓大同。

鄙吝与骄奢同弊

夫穷奢极欲，因而破家者固多，而悭吝鄙啬之徒，而致破荡失所者尤多。破一也，其所以致破之由，冥冥中又分轻重。

子孙不能存先世忠厚，可惧

祖宗世德忠厚，而子孙又能代代接续忠厚，亦可谓世济其美矣。不然，当为之危。

子孙昌盛妙诀

夫"忠厚"二字，一生行不尽，子孙万世行不尽，亦千万人享用不尽。此乃积善之家真传家宝。

焚骸之俗务宜严禁

按顾亭林先生《日知录》所载，援引历代惨酷之罪，如"蚩尤作五虐之法、商纣为炮烙之刑，皆施之生前，未至戮于死后"数语，痛切极矣。夫人生凭于形，死凭于骨。后之人仍有倡此议者，纵国法能逃，亦必遭天诛地灭。

卷 二

"福寿"二字可邀天眷

人间福寿似有天定,不知俱从人事上做来。若无天定,人人俱谓福寿甚易;若无人事,人人俱谓福寿甚难。愚谓得之天者半,得之人者半。故天不限人,人勿为之自限,以答天眷也可。

守穷要坚

人当困苦流离之际,不特天不怜,人不恤,鬼物亦从而助虐。斯时虽有经天纬地之才,亦不能跳出圈套。请观姜尚父、淮阴侯,不大可想见其人其事乎?然志不可疏,身不可败,当隐忍而俟未定之天。

守真要固

所谓不失故家风味者,守祖宗遗训也。近世逐末之风日甚,见守分之人,以为迂腐不近人情,甚至挤排者有之,鄙薄者有之。试思舍古而入俗,人即以衣食与我乎?恐未必也。守古以立身,天即终困我乎?恐未必也。吾守吾真,斯无憾焉。

人守三戒

按归安沈司空诫子孙,曰臭、曰滑、曰硬,此时俗最憎恶乎?为粪浸石卵,子孙切不可有此半字。愚谓人不幸而得此名声,无药可救,故家之子尤宜切戒。

齐家有要

按汤潜溪先生云："处家之道,不得径行其直,须有委曲默为转移之法。"数语有无限学问、经济在其中,总之,不得使半点气。

为善不宜骤

夫人"靡不有初,鲜克有终"。礼义之教,非可骤施。礼义之行,终身不尽。骤施无绪,骤行必竭,要有渐渍化导之功。

训子有方

按汤文正公教子读书,尝至夜分不辍,曰:"吾非望尔早贵,少年人宜使苦,苦则志定,将来不至失足。"此老成历炼语,不必多一字,重若千钧。

坟墓宜仿族葬法

家门和顺,生前乐事;聚族而葬,死后乐事。人能仿此而行,又何论乎富贵荣辱也哉?

风水有天理在

人子于父母,生前不能孝顺,死后而欲邀福于地灵,天地鬼神其与之乎? 恐未必也。

世间有两等人可敬可怜

忠臣孝子,天地菁华之气所钟,可敬也。孤儿寡妇、喑聋跛躄,人生大缺憾事,可怜也。

陟高位而尚庸碌可耻①

夫人生与草木同朽，寻常辈尚不肯为，况登科第、受厚禄者？总之，茫茫宇宙而能建树者，其能有几？盖由国家取士，当尚气节，而人物出焉。

读书当让今人，勿让古人

为人当取法乎上，志向刻刻在此。迨至全体大用，无不明之候。自与古人争衡，让则馁，馁则懈，懈则甘居人下矣。至如今人，不特贤者当让，即愚者亦当让。省却多少闲气，多少闲非。

改过在节欲

世上人人皆知有过，人人皆知改过，而竟卒不一改者，曷故？盖由欲心重而善心轻，则终身无改之日矣。若能恬淡自甘，则过不期然而自化。

背地切忌论人过失

背地论人过失者，喜人之过也。不特于朋友无毫末之益，于自己问心未免有损。忠告善导之言，宜当心诵。

崇俭朴

人能去浮华，崇俭朴，则家无不可养之家，人无不可活之人，以无益之费，而用之有益之地，则礼义兴而风化淳矣。

事后局外论人大病

论人者，须设身处地，勿以成败而定善恶。故圣贤处世，只论理

①　此处目录与正文不同，目录为"陟高位而尚庸碌者可耻"。

之是非,不计事之得失。

人当重一"耻"字

耻者,即人之良心也。故圣贤重一"耻"字,常人忌一"耻"字。人而无耻,不知其可也。

处横逆务须养气

横逆之来,实难消受。当先理气,气定,当思我必有所以致横逆之由。从无中而想出有来,而气始平。若不自反而欲求其勿加,虽圣如孔子,贤如孟子,恐亦有所不能。

朋友大过可责而不可薄

若有大过,非小可比。劝善规过,朋友之道也。夫责尚有诚意,薄则有刻意。诚可受,而薄则令人难堪矣。

善恶易辨

善助恶者,无中生有;善排解者,有化为无。即此两端,人焉(瘦)〔廋〕哉?

齐家与治国其道不同

家罪不致大于法纪,须要十分调理。按魏叔子《齐家日录》云:"刚断则伤恩,柔容则害义。故豫教之方,不可不谨之于早。"愚谓"豫教"二字,细心体会,有大费心机在其中。

处世勿蓄疑

凡事用疑,世上大弊病,居心亦大繁苦。若齐家、治国、平天下,定要去此一"疑"字,若持身、涉世、处事、应物,则勿为人存此一"疑"字,一勿一去,天下人心皆善矣。

君子小人利可转移

夫以常理揆之，人人皆愿为君子，而不落为小人。自吾观之，人人皆愿为小人，而不乐为君子。何也？而其中为利所转移也。不知利之得不得，有数存焉已。有数存已，君子乐得为君子，小人妄费为小人乎？人当早早回头。

以道驭人，得失判焉

《书》云："有言逆于汝心，必求诸道。……有言逊于汝志，必求诸非道。"夫道之是非得失，谄谀之人早已了了于胸，而当局之人则已昧昧于耳矣。古圣之言，不特道破一切，亦唤醒一切。

处仆役之道要庄严谨默

驭仆役最难，若降体和衷，纵其所言，则奸巧之人得因此以进身，因此以进谗，因此而招摇闯骗，三大害也。愚谓不如庄严以持身，谨默以驾驭；恤其劳苦，周其疾病；劝善抑过，使之感激以尽心干事。

人不可见人无用而生欺侮

人至欺侮无用之人，则其人之有用、有限可知。不料有限之人又复为稍有用之人欺侮矣，此何如故？盖默默中造化之在此转拨也。

富贵子弟教须在养蒙时

《易》曰："居安思危，履泰思倾。"富贵家须要将此八字刻刻教训，则子孙代代受用不尽。施教之方，务在童稚，若嗜欲开，智计出，则无及矣。

士习好清谈，不可为训

近世士习好清谈虚诞，而舌锋之尖克甚若利刃，每令听者寒心。

有志立身者，宜当痛戒。不然，好尤者更有甚然，从此人心之坏，不复问矣。

世上吃亏事无妨多做

世俗以甘受吃亏之人为可欺可侮，不知其中包罗无限天机。在个中犯而不较，斯人殆哉！

父母纵有偏私，不得计较

天下无不是的父母，岂有为人子计较哉？在所偏向者，当思其人必聪明才智过我，或孝思逊顺过我，不然，下流不材，父母哀而怜之，亦为父母者所必然之理也。若于此中为计较，则居心大不可问矣。

取　益

古今少完人，但取其一言一行，合理为是。凡有益于我者，乃为良药。

不听妇言，自是难事

夫妇人之气如兰麝，其言如柔脂，易进而易迷，而不致蛊惑者，乃人中豪杰。然《春秋》所谓"女德无极，妇怨无终"，此八字当遍告天下人，闺阁中枕边当立一大碑。

人贵善用其气

人身中要有此正气。如忠臣孝子之所作为，此正气也；见诸文章经济，此真气也；与人较量长短胜负，此悖气也。人能辨析此"气"字，则能善用其气矣。故孟夫子所谓善养其浩然之气者，原以待时用。

处世不可尖刻

今人处世，以为一事一物不放过，一言一动无缝隙，共推为精明强干,不知为识者寒心,且为鬼神所顾忌。

有衣食人切忌任性

人生未曾历过磨折,每尝任性欺人,以为本分,稍受委屈,以为诧异。此等人不特死于气,将死于心矣。

处小人宜宽

仆尝谓小人宜待之厚,因其量窄不能容物,作福不能,作祸有余,阴谋诡谲,有神出鬼没之奇,不可摸捉,令人惧甚。

知　足

人能知足,则无往而不自得。即疾痛灾殃,亦能减半。非天独厚待斯人,乃人能自全其天。使人人能如此,天亦必厚待人人矣。

教宜先及门庭

欲行教化,先从亲始。文王化行南国,端自《关雎》。

人务振作有为

立身务要高处着想,勿从低处立身,初无委靡不振之弊。

善则称人,过则称己

罪己者,则人人皆是,庶可时时勉省,而过日减;罪人者,在己则无为而不是,放行无忌,则恶日长。

操约望奢,所志殊多不就

人要有其具,庶可望侥幸;若无其具而大言不惭,而至老大无成,伤如之何?

六经教子

按《朱子家训》载《晦庵先生全集·家居要言上》,俗言明朱柏庐先生,非是。①

凡教子弟,宜先以经书为本。故朱晦庵先生云"子孙虽愚,经书不可不读"是也。夫不教而成者为上智,教而不成者为下愚。上智固难,下愚亦不易。大抵皆中材人也。中材者,可上可下之间,则不能无教,教必本六经。

君子有躬教育之权

夫身为君子,而世道、人心、风俗当有所赖,则负荷之任不己重矣。当穷而在下,教宜先施之于家,而后及于宗族、乡党;达而在上,教宜行之于国,而遍及于天下。此"教"字勿看得大难,不过"孝、弟、忠、信、礼、义、廉、耻"八字而已。此如人吃饭穿衣,一刻不可离者。

葬必择地

风水之说,自古皆然,边省尤甚,实难破其牢,但虑不易得为憾。愚谓风水不难,在近不在远,在心不在山。若能作事合天理,忠厚训子弟,则风水不在目前者,无其理也;子孙不发,无其事也。苟心存刻薄而欲获福于山灵,则不啻俟河之清,何日可期?

知　耻

耻之于人大矣哉!能知耻,不特坏心不敢萌,即枉念亦不敢想。坏心不敢萌者,看得己重;枉念不敢想者,看得己轻。何也? 盖"耻"字在其中故也。

---

① 此条为黄氏自注,然其判断有误。此句出自明代朱柏庐《治家格言》。朱玉编《晦庵先生全集》时,误将此篇收入,改题为《居家要言》。

为善要勇

按程汉舒先生《笔记》云:"人不能无差错念头,只要扯得转来。"愚谓念头一起,当如悬崖勒马,方见手段,庶可以言勇。

占盛衰兴败

家门无论富贵贫贱,问盛衰兴败,在入门时一目可足。观门内妇女婢仆,观厅堂书画器具,观阶前花草铺排,苟能事事有序,则兴旺之兆已昭人耳目矣;若事事相反,则败亡之机又在不远。

警轻浮

人无论商贾农工,而能礼让谦逊,出于天真,便有可爱。若登衣冠礼乐之场,而佻达之才子,反不如斯人之可取也。

戒狡狯

处天下事,无论亲疏远迩,每以至诚相感,则无物不化,无人不谅。最忌油嘴狡狯之徒,事虽苟且图成,则转盼间一波未没,一波复作。乡里有此人,则迄无暇晷矣。

爱子孙,在薄田产

家有田产丰裕,分受子孙,只可仅足数口衣食读书应用之资。各家若不敷用,必能自爱图谋。彼时而智虑出焉,不致游惰度日。其余大立尝产、膏火、学田,以鼓励其志气。再乡里有义举之事,如设义仓、修桥路,当为众人之倡,此正所以培养子孙也。大凡成于丰裕者少,败于富饶者多。燕翼诒谋,务有特见。

悍仆须要驾驭①

富豪之家,往往有一种悍仆,才能尽堪差遣,智术颇善,迎人嗜好,然未免倚势作威。至若与主人有衅者,更受其害。殆至弄出大事来,推主人于水火之中,自己脱然事外,忠乎?不忠。悔之晚矣。此论其变,若论其常,务须驾驭有方,则东南西北,无不操纵自如。

戒狂躁

此等气焰好胜人,往往如是。知而不改,悔咎必多。

子弟冥顽务须缓缓开导

夫人心若冥顽,行必冥顽。若以严厉责其冥顽,则彼亦以冥顽自居矣,灵窍何时得开?

婚姻之礼,不宜苟且

婚姻之礼,至大礼也,所以承宗祧、继后嗣者,古圣王特重之。愚谓重其礼,勿重其费,文质不已彬彬乎?

戒人勿自护其短

夫人短处说到长者,自以为善护其短矣,则何时得望有长之日?愚谓善护其短犹可,窃恐他人亦效此伎俩,不已为罪之魁乎?

躬教育之权者当以身教

夫书教不如口教,口教不如身教。如七十子之服孔子,步亦步焉,趋亦趋焉。我夫子不特行止语默露其容,即燕居之地,尚申申夭夭表其度,非身教乎?

---

①　此处目录与正文不同。目录为"悍仆爱要驾驭"。

坚志者勿自菲薄

按程汉舒先生《笔记》云:"人要为圣贤,当思异于凡庸何在?"愚谓圣固圣,贤固贤,不知凡庸亦可为圣为贤。有志者,勿看得圣贤大难。孔子云:"仁远乎哉? 我欲仁,斯仁至矣。"不有可征乎?

伦常间不得说感激居功套语

夫至亲无文,要从血性中真实做去便是。若果能孝弟,要从旁人口中说出,才是天伦真趋。若经自己道出,窃恐己之所谓,又非人之所谓也。

事亲务要诚敬

《书》曰:"家人有严君焉,父母之谓也。"当朝夕承欢之际,极其诚敬之意,抒其和悦之容以将之。若无诚敬,虽聚山海之珍,鸡豚是馔,反不如菽水承欢,能尽其道者之得亲心也。

子孙繁衍分析不宜太迟

按搢臣先生云:"家口众多,若不分析,各各营私,个个取盈,甚至目击婢仆暗窃,视为公中之物,漠然不顾,则破败之机即在目前。"愚谓先生大邦世胄,为何写家庭中事琐琐屑屑,曲尽其弊,宛如写仆家事一般? 由此推之,即古今天下人家事亦写尽了。当此之际,宜急分析,使各自调理,方能支撑。为子孙者,亦当知此弊,务宜自立。庶几丰亨裕泰之休,又将有象矣。

兄弟无分智愚丰歉

处兄弟之道,虽有智愚贫富不等,俱同一体。智者不得居心术,愚者不得恃暴戾。富则宜通有无,贫则宜助心力。各尽其诚,庶无内患外侮之事。若生水火,两不相安,则祸患之来,无有穷期矣。

家无老成善人吃亏

家庭不睦，草木皆兵。无风生尘，无水不波，颠沛流离，不胜浩叹。此咎归之家长昧于是非，如此而不败者无几。所谓家同国者近是。此非身遭其害者，不能言之痛切。

居家切勿锱铢较量

兄弟参商，书坊载籍如山，教劝而竟不能一化者，何也？盖因聚处一堆内外男妇，不免锱铢较量，衅端在此而生。窃愿为兄弟者，无论天大事，一过辄化，无存毫末在心。妇人之言，听在内而亡在外，入左耳而出右耳。能如此而不一室大和，未之有也。

处后妻宜时防其诬子过

夫人贤如仲山父，尚为后妻所诬蔽，不能容前妻之子，而至饥寒道路，千载怜之。此咎不在其妻，而在听其妻者。即如闵子骞之贤而孝，兼其父之明而哲，亦几至于饥寒中矣。其余书不尽载。愚谓为人后妻者，而能养育前头之子，竟至成人，此比贤而有德者更增十倍，则其自生之子孙，皇天必佑。人只知为人后妻难，不知为后人夫者更难。知其难，必要知其所以难，而前后得其所矣。

家不至贫，婚姻衍期，父母之过

古圣王之治天下也，必使无怨女旷夫，方为至治。标梅待字，多半官场闺阁，政务纷繁，未暇计及，兼之身为官长，不肯下嫁士庶。每有误至三十、四十余岁者，此不特有悖于圣王之治，且亦大乖乎人道。凡为父母者，家不至贫窭，毋以选择大过，致伤阴阳之和。

交友要终始

交友之道最难终始，惟淡能终，惟义能始。至如劝善规过，当审其人之性质何如耳。

处君子小人要得其道

夫处小人不可显为仇敌，君子则不可曲为附和。附和则损德，仇敌则祸生。凡事过则弊出，务宜得中。

好恶要当理

大凡世俗之好恶，无足定凭。孔子云："惟仁者能好人，能恶人。"夫所谓仁者，当世果何如人也？若能取材以宽，责备以恕，则见人之过也少，见人之善也多。仍有可恶者，窃恐不能逃其责。

处友贫富不同情，务须详审

按史揩臣先生云："友先贫贱而后富贵，我当察其情；友先富贵而后贫贱，我当加其敬。"数语体贴人情物理，最为周匝，不察其情，为彼所骄；不加以敬，示我以傲。总之，不可为人所轻，当为人所重。

赡养孤独要有终始

按史揩臣先生《愿体集》云："疏族穷亲无所归，代为赡养，乃盛事也。切勿苛刻。"愚谓己能赡养，当同一体，不然，恩反为仇，爱反为怨，不特多一重对手，且非当日爱人之初心。

处亲戚当除小嫌私怨

夫心嫌疏戚，刻也；私怨忘旧，孤也。"孤""刻"二字，人生最忌。

处亲族邻居务要以心体心

亲族邻居，非一朝一夕之由来也，毋以贵而凌人，毋以富而迫人。富贵易过亲邻，千百载犹相共处。当见其远，毋取其近。祸患之来，不待言矣。

势在宗联,势去宗断

宗之联断,在一"势"字。炎凉世态,从古如斯。然袁子才先生云:"文字之交,甚于骨肉。"吾闻其语矣,吾见其人也。至如贫穷,虽至亲而不肯认为骨肉者,亦又何多? 总之,不管人之认不认,宜自食其力,自读其书可也。

富贵人尤忌苛刻

凡人居心苛刻,临终而不虑子孙者,百中不一。如《春秋》楚灵王所谓:"吾杀人子多矣,毋能无报。"

处世务要一个"理"字

夫俗论难凭,虽圣贤亦不免为訾议,难乎其为人矣。然畏首畏尾,一生不能成一事,可乎? 愚谓凡出话时,要一个"是"字;临行事时,当有一个"理"字。公论听之君子,俗论何关重轻?

镇邪遏欲要有一段精神

史揖臣先生云:"当嗜欲正浓时,能斩得断;怒气正盛时,能按纳得住,此非大有涵养者不能到。"愚谓古来英雄豪杰,往往如是。人能卓然自立,乃能有悬崖勒马手段。此平居无事时,先要有镇邪遏欲之功。

富贵人宜宽,聪明人宜厚

夫人能将"宽厚"二字反面认透,则富贵聪明,多加几许福泽矣。莫谓生成自然,人不能无学。

世上有试金石,人当自珍

按史揖臣先生云:"见遗金于旷土,遇艳妇于密室,闻仇人于垂

毙，此乃世上一块试金石。"愚谓三者最快心事，三者最坏心事。快在
顷刻，坏及终身，人到此境地，务宜抚心自问，此念可顿灭。

御家勤惰在乎主人

治家无主人惰而众独勤之理，无主人奢而众独俭之理。一倡众
和，其理判焉。

富贵无分善恶

天下古今善恶同一富贵，善人富贵，天之所以报之也；恶人富贵，
天将有以戒之也。《春秋》齐庆封之富，君子曰："善人富谓之赏，淫人
富谓之殃。天其殃之也。"数年间，果不出所料。

少年子弟，切不可顺其所欲

按史搢臣先生教子弟云："须要训之以谦恭。鲜衣美食，当为之
禁；淫朋匪友，勿令之亲。"先生数语，全为子弟立根本，若不从少年时
敛厥其心志，检束其官骸，不然，将因是于习，习实为常，难以挽矣。
为父师者，可不早为之警励也。

立心要端

史搢臣先生《愿体集》云："见人私语，勿倾耳窃听；入人私室，勿
侧目旁观。"愚谓窃听则费心，侧目则费神，推其费之之心，有不可问
之智。人能认此二"勿"字，必能自知检束。

天伦之乐宜刻刻在怀

夫人生最难得者，天伦之乐。然仰事俯蓄，有所缺憾，此心又大
苦矣。不得不以理财为急，苟至十数年而不归省，人心安在？

江湖老客衣囊萧索

若夫行李辉皇,衣裳楚楚,见者皆知斯人腰缠万贯,钦羡何极。由是匪类为之垂涎,舟子时相窥伺,因此死于道路者有人,葬于江鱼腹中者有人。故江湖老客历炼多年,不特耳闻,甚且目见,遂萧索其行囊,婆娑其衣履。且见同舟共济者,亦多方教诫,推其所以谆谆致意者,非特保人之性命,并保己之性命,乃有如是之恳切也。

人能尝怀一畏惧之心,则恶消

夫世之乱臣贼子,俱从不畏中做出来,而国法地狱之设,俱是不畏之人所消受。畏与不畏,善恶判焉。

善弹人者,宜端坐以消之

弹人者刻,端坐者严。以严制刻,自当愧悔。

处谤勿辨

有谤不必辨,不辨则谤者无意味矣。然推其所以致谤之由,当自猛省。

旁言少听

借谤泄愤,世人恶习,听言者不特诬者勿听,即真者亦勿听。胸中省得无限烦恼,免得无限是非。

痛戒说人阴讳、闺门丑行

凡人闻人之善,未必能询其颠末,谈及闺阁则精神奕奕,终日不倦。损行败德,莫此为甚。请问自己家风,肯人刻薄乎?愿谈者当有一转念。

异端左道,不必面斥其非

凡私巫邪术,俱神通广大。作福不能,作祸有余。当知其伎俩,远之可也。

觉人之诈,勿道破

夫诈以浑待之,则诈自消;诈以明待之,则诈愈巧。

戒说贫穷

世之畏贫穷人,甚于粪秽。人若不知,尚有与之言者,自己说出,人人皆掩鼻而过。

公门不可到

公门造衅,祸端百出。常入公门,难免物议。

惜　物

作贱五谷,暴殄天物,世上饥寒冻馁之人皆此等,若辈惟能惜物者,乃能惜福。

产业税契切不可逃匿

国家税课之条,至严、至密、至当。凡有产业,切不可稍为隐匿。一经察觉,受累不浅,岂可偷安目前哉!

人子服阕,戒庆贺

夫富贵功名,无非为扬名显亲起见。至如父母已没,此念索然。凶服之除不除,无复问矣。虽然,孔子云:"先王制礼,行道之人皆(忽)[勿]忍也。"除服之说,自古有之,何庆之有?

人贵有容人让人之量

人贵先养其气，气平而争自息，能容能让，非涵养之功至纯至熟者，不能臻斯境。

齐家内外要有方

大凡妇人非嬉笑即怒骂，习实为常，最易占门。家门兴败，至如子弟座右有铭："少长有礼，虽败，尚可支撑。"

处权要人，务宜时时检束

按史揢臣先生云："当其声势赫然时，不可犯其锋，亦不可与之狎。"数语当书诸绅。狎则不能全其名，犯则不能全其身。愚谓不特不可狎、不可犯，并不可慢。

处世当审时度势

世上多不言理人。夫理以防己，勿以防人。按史揢臣先生云："愚者不知理，强者不畏理，奸猾者故意不循理。"人当不得志之时，虽一毫不敢苟且，而横逆之加，十常八九，若与他辨曲直，迄无暇晷矣。故曰理以防己，勿以防人。

与人嚼口，忌搜人短

羞恶之心，人人皆有。若有隐恶，尤其忌讳。世上因揭人之短而遭杀身之祸者不少，宜当痛戒。

处世勿迫人于险

夫人当困苦危险之际，致身家性命而不顾，若事出在己，务宜放宽一步；事出在人，则宜开导其壅。人于此感其恩，鬼神于此录其德，子孙亦于此绵其泽矣。

燕翼诒谋,须知其要

世人为子孙计,在立蒸尝、置田产,以为子孙计已尽矣,不知此乃末事,若不积德,愈增其祸。

作好事切勿夸口

世间扶危济困,人生最大快事。然当快诸心,勿快诸口。

富贵能为善,作福无量

富贵者,人所瞻仰也,亦人所妒忌也。天地亦在此鉴察,鬼神亦在此窥伺。富贵者宜当加意,以答天贶。

省　约

习俗移人,贤者不免。能心存俭朴,诸务节省,亦可多永数年。

财者人所赖而生也

钱财者,天下之公物。宽一分待人,未即见穷;啬一分待人,未能终富。但用要得其地,济要得其人耳。

人勿为人所愚

大凡处世要达,达则不为人所愚、境所缚。潇洒胸衾,举头天外,亦能操纵自如。至若得失,尽凭天定,于人何尤焉?

邻有吉凶,务同欣戚

见人有喜同喜,有忧同忧,虽曰未学,吾必谓之学矣。何也?盖其慈祥恺恻之心,有合于君子之道故。

人务立言

君子立言要金贵,而所谓金贵者,非自大自高之谓,盖有益于世道人心。当出话时,逊其词,宽其容,而人则听受奉若神明矣。

审利害,浑人己

世上"利害"二字,要看得透亮;"人己"二字,要看得浑沦。透亮则不敢妄有作为,浑沦则不妄自尊大。平时先要达此理,利之所在,务宜决断,切不可片刻昏心。

审文字勿妄费心血

文人笔墨,切不可妄动。心术品行在此寓焉,祸福善恶在此基焉。何也?从来文字之巧,千变万化,实有蜃楼海市之奇。言善以尽其理,言恶极尽其蕴,则人心频频欲动矣,造物亦于此鉴察矣。善以福赏,恶以祸赏。吾愿世之擅笔墨之长者,当有矢人函人之戒,斯无负一番心血也。

处富贵贫贱秘诀

人无论处富贵贫贱,要有春风太和之气。不特人加亲敬,而鬼神亦为之呵护矣。

论人当听凭于君子

论人以世俗为定凭,不特无识见,亦无学问,则一如世俗人矣。然人果有其操,未必千万人皆世俗。若千万人皆世俗,则其人之所谓操者,非人之所谓操也。

理未有全在己而非在人者

凡处逆事,须要自己气平。望人气平,俟河之清,则争无所底止,何也？横暴之人，自命理直气壮，牢不可破。且从而附会者，智术愈出愈奇。况理圆通而无形，可东可西，安见得理在我而非在人？故把气一平，而人之气亦因之而平矣。久之，公论自在人心，无理者暗中自多愧悔。

为善勿疑

凡作善事，要勇而勿有待。若有所待，必不能成事，则身无为善之日。故圣门尚勇。

向人讨债，切勿凌逼

盖钱财为人负欠，先察其家有无，然后察其人心术。若实有所不能，只得宽缓，使人感激，待可完之时，无不虔心璧赵。苟下辣手凌逼，强者恃暴，弱者寻短，反弄出一番大事来，因此而破家者历历不少。能以厚道待人，家必永。

欠人财物，恶言宜受

人不可无良，报德全信，刻刻当存诸心。至如势穷力竭，不得践约；纵横逆之加，宜当顺受。实无如人何？所谓床头金尽，壮士无颜者，为此之故。

克薄成家，理无久享

天道昭昭，无穷报应。人心难测，每取眼前。请观克薄成家者，当身若何？子孙若何？宜急急回头。

子弟僮仆宜自诚饬

理宜非己，不宜非人。非己能安人，非人则旁观亦为之不安，则事变多端矣。

锄奸惩恶，要留生路

按史揢臣先生云："锄奸杜恶，要放一条生路，莫使之无所容。譬如防川，若尽绝其流，则堤岸必溃。"愚谓以防川譬防奸，道理洞彻，天下事皆然。昔夏王治天下，放开一面之网，以待罪人，盖有取于防川，此乃疏江凿河之义。虽然，为国家大事，又有大不然者。夫姑息即所以养奸，如郭汾阳之宽待卢杞，流害何极！《易》曰"拔茅连茹"者，敢为治天下国家者诵。

戒急遽任性

处世任性，则激烈急遽难挽回。惟和平乃能养无限天机。

风寒暑湿当恤仆役

服役之人，得上有一分抚慰，则下有十分感激。子孙相传而行，共知其为积善门第矣。

子弟学生意，务要公平

商贾智慧，较读书人更增十倍。遣发调度，大似行军，然必须要平心公道。此心不正，不可问矣。

戒溺女

按史揢臣先生云："鸟恋巢雏，甘心受弋；鳝怜腹子，鞠体重伤。物类如斯，人何异焉？"愚谓物类爱子，不顾其身，对之令人悚然。溺女者当下手时，其心为何忍也？使人人在闺门内，将禽鱼爱子之心，委曲宛导，较造育婴堂不更为方便。

成败论人

世俗论人于成败，成则颂扬天高，败则恐不落水底。此中有命，局外者不必喜，局内者不必忧，俱徒自苦耳。

防 夜

每见富贵家防夜，设梆巡锣，至周且密。不如睦宗族、和乡邻，盗来同心捍御。若能如是，较养勇士，不更为关切？

兄弟切勿较量，当体亲心

父母多子，俗称好命，其实苦命。纵有百岁，亦无时不虑及子孙。何也？愚者固可虑，而智者尤为可虑。其所可虑之心，即父母亦有所不解，待死而后已。罔极之深恩未报，岂可听妇言乖骨肉，而贻父母戚哉！

送终大事勿以兄弟较量

终者，终也。父母一生事毕，无复有再见之日也。送者，尽也。人子之于父母，无复有可尽之心也。故哀痛迫切之肠，自不能禁。纵日后富贵功名，光耀人间，而父母又安能得见？此时有财而不费，将用之何地？岂可以兄弟较量哉！

不肖之子，往往父母爱惜过甚

夫父母之爱子也，无所不至，然要有义方。不然，听其自便，不加约束，则种种不孝之事，样样俱齐。故爱之者，即所以害之也。害之不已，并自害耳。

有余之家，立尝产为要

夫私产多则败易，尝产多则败难。私产败，不必谋之于人，操纵自如；尝产败，阻抗者多，接手者怯。请问为公乎？为私乎？

养祖父母，较父母要更加孝顺

祖父母者，父母之父母也。推父母爱父母之心，与敬祖父母同。父母尚在,略可推诿;父母已没,则祖父母五中惭苦,无时获辍。为其孙者,一切奉养,若能加孝加敬,不特有得祖父母之心,且有得父母之心,则九原之下,必深喜而有以自慰矣。一举而两善俱备,即李密乞养之表,人主亦许其孝养而不夺其志。

少年子弟不宜避宾客

礼仪者,非人生成带来之物也,必自少年学习始。若见正人,即(面)[腼]腆回避,而不向前应对。待长而后始习,一登礼仪之场,揖让周旋,则与田夫野老无分优劣。

理祖宗尝产不宜苟且

若理私产严而密,理尝产忽而略,是薄待其祖宗,即薄待其子孙。此中关键,惟达者有以知之。

人当以德业身心为重

夫功名富贵,天能限我;德业浅深,天不能限我。天已限我而强为之,则为天所缚,尝误至老大无成;天不能限我而勉为之,或造之高巅,穷之渊海。若能名其状,由是富亦可,贵亦可,贫亦可,贱亦无不可。即颜烛之与齐宣王,又安见贫贱之不如富贵也?

处后妻各勿怀一"私"字

夫人中年丧耦,不特夫之不幸,子大不幸。女嫁作人后妻,不特女之不幸,而他人之子更不幸。前头之子若能成人,为父之恩浅,为母之恩多;若不能成人,为母之过少,为父之过多。难乎? 不难。总之,上下切勿怀一私见,便是家门之福。为后人夫者,要当如闵子骞之父焉可。

事无大小,无得专行

《书》云:"家人有严君焉,父母之谓也。""无得专行"四字,宜时时警策,此最大关键,所以杜乱臣贼子也。故治家即所以治国。

凡为家长,必谨守礼法

盖家长者,盛衰兴败之所系也。家无论贫富,伦常之理,尊卑凛然,毫厘不能有失。禁奢华,警游惰,而家焉有不兴旺者乎?《书》云:"故败国、丧家、亡人,必先去其礼。"

侍于父母舅姑之所也有道

按司马温公《杂仪》云:"到此地,容貌必恭,执事必敬。言语应对必下气柔声,出入起居必谨扶卫。"数语大体得矣。故圣门教孝曰"色难"者,读者知其然,恐未知其所以然。能遵此四语,虽不中,不远矣。

父母命有不可行,当宛言白之

大凡子之于亲也,惟恐其不顺,亦恐其大顺。是非利害,得失机宜,再不得露半点唐突语。

为臣为子之道

圣人教人为臣为子之道,不宜有半点激烈气象。君有过,只宜讽谏;亲有过,则宜柔谏。不特有合于为臣为子之道,此乃全身全家之法。

出必告,反必面

家门肃穆,四邻动色,远近观瞻,足以振懦启顽。

上行下效

父母舅姑有疾,子妇无故不敢离侧,血性本当如此。转盼间,己亦为人父母舅姑矣。

男治外，女治内

自古老成故家，历数十传而不败。富庶之业，千载依然者，盖守之有定，行之有常。

父母所爱慕，当从而顺之

大凡爱敬，各有所属。惟父母之爱慕，无论是非可否，当随而顺之，不宜偏见。恭敬无遗，方称肖子。

古礼不可废

按司马温公《居家杂仪》云："不见尊长，经再宿以上，再拜；五宿以上，四拜；贺冬、元旦，六拜；朔望，四拜。"近世风俗日薄，闺门之内益见浇漓者，盖无尊卑上下之分故也。愚谓家庭间不可一日无是理，虽处贫贱，不得以无衣冠而推诿。

时察左右饰虚造谗，离间骨肉

夫饰虚造谗，离间骨肉，千古可痛恨者，莫有过此。愿天下国家为君父者，要时时省察左右。不知受者苦衷，莫可名状，呼天闯地，无可告语。

驭仆役

圣人云："惟女子小人为难养也。"旨哉斯言！愚谓无纵役偷闲，无饰虚献媚，斯无近之远之之弊。近世仆役以欺诈谝主者为有才干，如此而家不败者鲜矣。

过失相规

处己有过，人告之。不特不可怒，并当可喜。人若有过，不特不可喜，要委曲规劝，庶几两有裨益。

礼义相接

礼义由贤者出，请问甘为贤者乎？甘为庸流乎？当反覆三思。

患难相恤

人有患难能相恤者，良心尚在。如落井下石者，乃非人类。

子弟当教之孝弟忠信

为父兄师长，能以孝弟忠信常教子弟，则十余年来，不知培养出几多忠臣孝子矣。愿天下为父兄者，互相劝勉。

名利当达

人生如寄，百年之岁月无多。名利谋之，若能遂志，则天下无贫贱。若事事坎坷，人将谓我何？不如圣人所谓如不可求，从吾所好，庶几海阔天空。

事有本末

按陆梭山先生云："孝悌仁义为本，爵位财利为末；智愚贤不肖为本，贫富贵贱为末。得其本则末随，趋其末则本末俱废。"此确切不磨之论。今则以为迂腐，遂舍本以求末。然能遂志者，又有几人？嗟夫！人有今古，世有变迁，而所谓蝉翼为重，千钧为轻者，不大可想见其时、其势、其人乎？陆氏十世同居，家法肃严，高风为行，可仰可师。本末之论，当起千百古人共相维持之。

富贵贫贱自有定分

天下事皆有定，而人不肯为天所定者，名利也。夫飞蛾赴火，蚁拥腥膻，同一义意，可不慎乎？

制　用

夫穷奢极欲,知其用之无制;死亡贫苦,知其用之不给。不计于前,遂怨于后,悔已晚矣。有国家者,宜早有以制之。

免至求人,少生耻辱

按陆(竣)[梭]山先生云:"家道清贫,凡接待宾客,吊丧问疾,时相馈送,聚会饮食之事,一切不讲。免至于求亲旧以滋过失,责望固索以生怨尤,负讳通借以招耻辱。不然,天下因此以招耻辱、以滋过失者,虽智者不免。"愚谓不如事事约省,求人不如求己为切。

贫者不以货财为礼

夫至重者,莫如丧祭;至要者,莫如庆吊。己无物以达其诚,则当尽诚以将其意,斯无悖于礼矣。

居家丰俭要立法

夫好奢者难省,好啬者难放。若无立法之条,则吝啬与浪用者同弊。

量入为出,不至乏用

治家之法,勤俭为先。勤则无骄逸,俭则无妄费。纵有意外遭逢,能省俭者,必先意计矣。

家政要访诸故家

家有家政,一人之智虑不能详,合十人之聪明仍不能备。当访诸老成故家,如莫侍郎之兄弟同居、张公艺九世不分家,此等善政善教,自有迥出寻常之法。《论语》云:"施于有政,是亦为政。奚其为为政?"初以为孔子不仕,借此以对定公之意。今读倪文节公《经锄堂杂志》"岁计月计"之条,始知家政有如国政。

行医货药有利害祸福

医,仁术也。圣人云:"择术不可不慎。"术已择矣,而药假医庸,误人不浅。将当日择术之念,祸福利害之说,尽付东流。窃愿世人将"利"字看得破,则为善之心,庶有终始矣。

贫富行状

按袁氏《世范》云:"起家之人,忧勤惕虑,不免饥寒;破家之子,轩昂自恣,谓不复可虑。不知虑饥寒者,得免饥寒;不复可虑者,日在虑中矣。所谓吉人凶其吉,凶人吉其凶。"数语活活画出兴败时人形状,愿世人当顾影自怜。

亲友贫乏,当随力周助

人至危困不能自存,而有亲友周急,遂得一线生机。不特受者含感,而天心亦默默纪录人善一次矣。

仕宦不宜妄结私恩

按古语云:"受恩多,则难以立朝。"数语凡为仕宦者,即当书绅。此老成谋国之论,不以私废公意。有心为国者,亟宜检束。

人非为祖宗大事,不可争讼

朝廷之设官,所以治无理而申有理者。自有贪缪官吏,则人心反覆。而刀笔之利生,唆摆之人出。故有理者每无所主持,而无理者常有所依负。虽然,俗语云:"十场官司,九场天理。"其一场之无辜罹祸害者,莫非祖宗之遗祸,自己之阴恶,或前世之冤孽也。

夜间患盗宜两相避

家庭遇盗,若为盗伤,则有性命之虞;若伤乎盗,则有冤连莫解之势。不若暗里扬声,使之自避。两不相伤,庶得万全。

大盗智过君子

大凡水火盗贼之祸,虽关天意,亦在人平日补救。若谓盗贼全然无良,又何有避洪佛子家之盗?古语云:"祸福无门,为人自召。"信有之也。

政出多门,难以支撑

家中一切条例,宜出在上,不宜在下。若权令下移,亡无日矣,何也?法归家长,无倚势作威,无以私废公之弊。家国一理。夫鲁自政逮于大夫而国弱,政逮于陪臣而家弱。政出多门,鲜有家不破而国不亡者。

克己去私

夫己欲克、私欲去,当寻人所难能者能之,人所畏去者去之。庶几克去之功,无事勉强。譬如世有阴害我者,遇彼有衅遭吾手,此时正可报复也。正报复而忘乎报复,此乃纯仁;正报复而不报复,此乃近仁。仁岂远于人乎哉?在人欲与不欲耳。

见色宜回心自问

古语云:"使君自有妇,罗敷自有夫。"语婉而严,义正而曲。愚谓见色闻罗敷之言而念始息,此意终不能泯。宜以己之心度人之心,此念庶几顿灭。

存乎人者,莫良于眸子

夫人之五官即五脏,或善或恶,毕露五官。至如眸子与心相表里,观人者何须观其过而始得。

戒口孽

古语云："一言刻薄，折尽平生福。"近世士习，以诙谐雅谑、尖利刻薄为口才，终日群居而不倦。仆闻之，辄起而退。众目之曰："此偏僻固执人也。"愚谓偏僻固执，处世大病，当自警省。若以不能尖利诙谐为偏僻固执，不合时宜，仆愿受名而不辞。

补　过

昔范文正公每日必念自己一日所行之事，与所食之食，能相准否？愚谓欲求无羞，必须节食；欲求寡过，必须三省。圣贤之门，自此而入，此补过之津梁也。

功名有数

在昔韩文公未得志时，与曹尚书书三上而不报。范文正公做秀才时，便以天下为己任。当日两先生功名之念，刻刻在抱者，为苍生故。此与孔圣周流列国，仆仆道途之意同。然能担当世道者，安能听之于数？听之于数，不已负苍生所属望哉？

人当刻刻自爱

按陆桴亭先生为学时有"四惜"：昼坐惜阴，夜坐惜灯，遇言惜口，遇事惜心。夫意欲做成个人，不由不惜。即生知之圣，尚由好学，人安能自宽？

处倾险人处，甚有益①

世上倾险害人之人，正是造物一副大炉锤。天欲玉成斯人，必使之在耳目间作止语默，无敢隃越。敬之敬之，莫名其妙。

①　此处目录与正文不同。目录为"与倾险人处，甚有益"。

有道德君子，当师事之

仆生平有一大弊，不能受委曲，故吃亏最多。然每到一省、一县、一州、一邑，闻有博学道德君子，必诚意虚心，谆谆请益。凡有指示，必唯唯听受，而先生辈亦应接不倦。虽处十余载，始终如一，顿觉大有益于身心。清夜自思，亦可稍补前愆。

名利在世上为羶途

按桴亭先生《思辨录》云："名利乃天下公共之物。"近世以名利为私物，故目为羶途矣。愚谓名利之公私，随乎世运；而人心之公私，亦随世运而转流。总之，不视为羶途者，不特难乎其世，并难乎其人。

利当以义合

嗟乎！利之在天壤间，可谓最多事矣，圣人乃立义以制之。世之贤人君子，能依而奉行者，不过十之一二。其余奔走道途，仆仆风尘，天或赏之，或殃之，或怜之，或报之，使人莫能窥测，遂成一大世界矣。

横逆之遭，急宜缓受

大凡横逆之来，有疾风骤一而至者，有水远山遥而来者。驾御之方，实难主宰，虽圣贤亦有所不免，如孔圣之于桓魋之类是也。颜子云："犯而不较。"孟子云："此亦妄人也已矣。"此乃道德有以济之，然非人可能学。愚谓事之来也，须相机而应，急则缓其机而受，远则剖其机而受。总之，要明哲保身为主。

规过有道

按《思辨录》云："己有过，不当讳；朋友有过，决当为之讳。讳者，正所以玉成其改也。"数语劝善规过之道尽矣。若以劝改为名，而亟亟以成人之恶，刻薄小人，往往如此。故子贡曰："恶讦以为直者。"斯言直揭出此等小人一副肝肠。

立身不得以小节沽名

忠孝廉节,须当得其大要。大本无亏,而小节安能有憾?若以小节沽名,终至失足。

孝无贵贱

孝之在天壤间,虽孩提之童,无不知爱其亲也。纵身居显荣,事亲而有悖于理,庸夫俗子皆得而唾骂之,不得列于人群。此非富贵所得掩其恶。

天下无不是父母

人子之不得于亲,能痛心疾首,尽改前非,而父母仍不转移者,未之有也。当日瞽叟夫妇每于无过中想出子之罪来,舜于无过中想出己之过来。"父母之不我爱,于我何哉"句,想说话时具有无限凄楚。

牝鸡司晨宜忌

兄弟是天然的朋友,为何古今来而能和者少?推其不和之由,多出于妇人,则于兄弟何干?细推此理,不特兄弟各听妇人之言,即上上下下,皆听妇人为指拨。此家国将亡时候,而阴毒乃聚在一堆。斯时虽有拨乱反正之人出,恐亦为阴气所困矣,何也?牝鸡司晨,岂特家亡而已哉?天下万世皆然。

兄弟阋于墙

尝观兄弟嫉妒,有似胡越者,斯言不谬,何也?心怀嫉妒,时时算计,常附会旁人而害骨肉。又尝自己为旁人所害,甘受侮辱。由此观之,则"阋墙御侮"之《诗》,不已相反乎?世道之浇漓,日甚一日,而天良之薄大,不可问矣。愚谓若能读《诗》《书》,天良总不至丧尽。

敦孝先敦慈

仆尝谓为君、为父、为师,处至尊至高之地,而以自尊自高居之,则不忠、不孝、不弟之人自此而生;而以自谦自和居之,则不忠、不孝、不弟之人自此而化。所谓教孝先教慈者,盖因世风不古,古道沦亡故也。为臣为子者,当知其言也有物。

祭器宜重

居家教子,宜质宜朴;祭祖宗,宜华宜丰。不特祭品要丰,陈设要华,而子孙诣祭者,衣冠亦宜华饰。不然,服具不整,跛倚而临。夫薄待其身者,即所以薄待其祖宗也。

风水随缘

近世风水,效捷如神,有呼之则应之妙。愚谓富贵在天,风水随缘,似不敢妄想。若能得祖宗父母骸骨,温暖之矣。至如富贵福泽,乃在人种,此仆所常言。自知福薄,未敢奢望。

治生之道最宜急务

俗语云:"家有千金,不如朝进一文。"甚言人不可一日无生理也。请问:"'生'字对面是何字?"清夜细思,令人汗下。愿世之人,勿空度此韶光也可。

和顺勿逆施

尝观生意场中,与人交易,颇能逊顺和平,大有孝弟之道。为人服役者,日间伺候,诚惶诚恐,不啻孝子顺孙二者,而独不能施之父兄前,此何为者? 或者曰:"为衣食故。"然有丰裕之家,而更不能孝不能弟者,亦又何也? 或者曰:"盖有所争故。"然交易场中,及为服役,而独无所争乎? 争故不免,不知转盼间又如胶如漆也。愿世之人,当移此心于父兄前。可争而不让,负罪多矣。

读书贵得其要

夫章句与义理,分为两岐。取士以章句为重,义理为轻,人材自此分矣。故读书贵得其要,而世上乃有真才。

积德不可待

积德之事多端,笔难尽罄。若待富贵而始积者,则其人虽富贵而仍有待也,此事莫视为难而自阻。总之,时时能存一恻隐之心在心,不特自己受用不尽,即子孙亦受用不尽,则德之积有不期然而然者。

盛衰观人心厚薄

凡作事须要有人贪,最忌人畏。人贪则道厚,人畏则道薄。若以干事锋利为才能,不特不愿见,并不愿闻。而所谓关乎盛衰兴败者,在人心迹上勘出。

宽厚可邀天眷

宽厚和平,可以镇邪压物。纵有人欲陷我害我,及至跟前,亦冰消雾释。而所谓可邀天眷者,盖天心人事,尝相为依附故也。

阴刻者自残

夫天最恶阴恶,而人切忌阴谋。人当患难之际,使有人出为之排难解纷,则人感德也不浅。若背地阴谋布摆,弄至人无葬身之地,则怨气冲天,旁人侧目。在谋者以为得计,大展生平之经济。此等若辈,窃恐祸不在其身,即在其子孙,非自残如何?

义理为立身之本

近世读书,不讲义理,徒求章句,纵然上达,建树难期。一朝失意,仍不免斯滥,得志斯淫,此何为者? 无义理以检束身心故。

耕稼不可为耻

按张杨园先生《训子语》云:"汉世以孝悌力田为科。推其所以重之,故耕则无游惰之患,无饥寒之忧,无外慕失足之虞,无骄奢黠诈之习,诚保世承家之本。"请观古来人物,俱从稼穑中出也。凡斯君子,虽以耕稼为业,实以孝悌为本,夫何耻焉?

省身录

同治元年(1862)壬戌二月刊版

鄢陵苏源生泉沂著
桐城方宗诚存之阅

序

辛酉九月,予友苏菊村明经以所著《省身录》见示,读之喟然叹曰:"此儒家正脉也。"盖菊村家于鄢陵,鄢陵地近河洛,为明儒薛文清公寄籍之乡。菊村习闻儒先遗训,故其为学远宗二程,近宗文清,笃实为己,专壹而不杂。是书乃其每日切己体察之言,气象与《读书录》尤相近。洵哉!其为德人之言也。今天下之人,无论学与不学,莫不以身为重,而实不知其所以为重与所以重其身之道。人身之所以重者,以其有五性焉,仁、义、礼、智、信之不存,而不知省觉焉,是自暴其身也。人身之所以重者,以其有五事焉,貌、言、视、听、思之不修,而不知省察焉,是自弃其身也。人身之所以重者,以其有五伦焉,子、臣、弟、友、夫妇之道之未尽,而不知修省焉,是自贼其身也。彼所以自重其身者,不过任其血气心知之性,纵其耳目口体之欲,自私自利,而不知反身以循理。天下之祸,遂由潜滋暗长,以至于横流而滔天。至于滔天,而犹不知自省焉,此天下之祸之所以终无已时也。孟子曰:"汤、武,身之也。"又曰:"汤、武,反之也。"人人各反求诸身,此存理遏欲之大闲,亦即拨乱反治之大本。是以孔门论传道之贤,必首推颜、曾。颜子之学,在于克己;曾子之学,在于省身。克己而后天下归仁,省身而后知之所在与所以克之之道。是省身者,尤克己之先务也。且夫省身者,非徒省一己而已也。以是身而居于家,则一家之身皆吾身也;以是身而居于国,则一国之身皆吾身也;以是身而居于天下,则天下之身皆吾身也;以是身而居于往古来今之间,则前有千古、后有万年之人之身,皆吾身也。家国、天下、千百世之人之身,皆为吾一人之身。一有未尽,必皆引为吾身之责,唯恐吾身一有未当,则家国、天下、千百世之人之身，皆将取则焉。是以责吾身者愈周，而省吾身者乃愈密，省之密，则所以自重其身者始至矣。菊村穷经求道数十年，淡泊寡营，萧然世外，一似独善其身者。乃观其书，则自身心之近，以至于家国、天下、千百世之远，无不考究其理，而体验于身，明道统之归，辨学术之正，读之令人深警于心。予游中州，与菊村神交几一年，时以道义相切劘，而未获相见。今予将游楚中，菊村促予为序其书而刊行之。予愿菊村即是书之所言者，益加省焉，而读菊村书者，亦即其所言，反而省诸其身焉。必使一一皆为躬行心得，而不徒托空言。内以治己，外以治世，斯真能衍二程、文清之正脉也夫。同治元年正月望后二日，桐城方宗诚谨序于襄阳道中。

　　梓人朱聚文斋承刊。

卷 一

主静之学，非专静坐也。盖心本有理为主宰，时时操存，不怠忽，不迷乱，则静坐谓之静，动亦谓之静。武侯曰："宁静以致远。"濂溪曰："静虚故明。"谢氏曰："近道莫如静。"皆此意也。

陆稼书先生论阳明有过甚处，亦实见其流弊如此，非党同伐异之论也。

讲学必当遵朱子，不当遵陆王。然人之遵朱，不徒在讲论之间，必当即其致知力行之法而实加功，然后谓之遵朱。盖朱子之学，固以实践为重也。

朱子《答吕子约书》云："大抵此学以尊德性、求放心为本，而讲究圣贤亲切之训以开明之。"彼以朱子专主道问学者，岂未闻此说耶？不但此也，观《四书注》，无一章不归重躬行。人特未之思也。

治国之道在用人，用人之道在正心。心不正，则悦谀佞而恶忠直。若理明心正，贤否忠佞立判于前，则用人能得其道。用人既得，则百事具举，而国无不治矣。

汤文正公毁淫祠一事，是圣贤本领，非俗吏所能知。

忠则无不可感之人，恕则无不可处之事。

道之不明，佛老害之犹浅，俗儒害之更深。

试将己之为学，与古人之为学，较量一番，安得不愧？安得不愤？

今人以登科第为功名。夫科第，特进身之阶，何功于世？何名于世？使他日以科第居官，惟知取财利以为子孙计，则所谓功者反为害，所谓名者只供人指摘之具耳。若孔孟、程朱为斯世维纲常，为万古立道统，是所谓有大功于世，有大名于世者也。今乃不务求此，而惟以科第为功名，岂非轻其所重而重其所轻乎？

文文山《御试策》云："今之士大夫之家，有子而教之。方其幼也，则授其句读，择其不戾于时好，不震于有司者，俾熟复焉。及其长也，细书为工，累牍为富，持试于乡校者以是，较艺于科举者以是，取青紫而得车马也以是。父兄之所教诏，师友之所讲明，利而已矣。其能卓然自拔于流俗者，几何人哉！心术既坏于未仕之前，则气节可想于既仕之后。以之领郡邑，如之何责其为卓茂、黄霸？以之镇一路，如之何责其为苏章、何武？以之曳朝绅，如之何责其为汲黯、望之？奔竞于势要之路者，无怪也；趋附于权贵之门者，无怪也；牛维马絷，狗苟蝇营，患得患失，无所不至者，无怪也。"房惺斋毓梓《读书分年日程后序》云："今之学者，自五六岁入蒙馆，父师即以利禄诱之，不期其学大圣大贤，而但愿其享高爵厚禄。自幼至长，占毕讲贯，惟求举业之工，毫不知所谓明道进德者为何事。其才高者，乃能于八股之外，博涉乎经史子集，以为诗、古文辞之用。然其间玩物丧志，买椟而还珠，大抵不免。其中材以下，则务为简径，苟且终年，濡首于帖括之中，选艺考辞，章比句栉，以幸其一日获售，则大事了毕，举天下相习为无用之空言。内之不可以修己，外之不可以治人。俗学之卑陋至此，尚何望其成才而有益于天下国家也哉！"此二则言俗学之弊，至痛至切，至明至著，学者读此，尚其惕然省，废然返也。

吴草庐以陆子主于尊德性，朱子主于道问学。窃尝思之，陆子之学自有成论，而朱子之学遂以此言而谓其有末流之弊，可不辨乎？夫朱子解"尊德性"一节，反覆详尽，无微不到。其生平为学，先居敬而后穷理，见于《语类》《文集》者，不下数百条。居敬非存心之谓乎？存心非尊德性乎？存心、致知，二者并尽，而何流弊之有乎？若有流弊，乃其人自弊耳，非朱子之学使然也。

许鲁斋先生一代大儒，观其出处进退，不肯贬道以徇人。薛文清公谓其得孔子家法，良不诬也。

世所谓风流才子者，吾儒之罪人也。

人品行一坏,虽诗如李杜,文如韩柳,著述如郑孔,亦为士林所不齿矣。故为学当以立品为先。

人只理会得"先难后获"一句,自不好名利,自不好禅学。

释氏言毁谤其书、不尊其教者,即报之以种种罪恶。韩退之、程伊川、朱晦翁曾力辟之,未见其所报罪恶安在。

胸中无识,不可读史,恐引人入权利庞杂路去。

学者于先儒之说,有不合己意处,不可含糊过去,亦不可辄生辨论。须细心思索,理会真见,理与心合,然后放下。若不合,只当阙疑,俟他日有见,自知是非。盖先儒之说,皆其体验之言,若妄疑妄辨,安知己之意见尽是,而先儒之言皆非耶?

临事能不使气,而一以忠信为主,方是真学。

好名者必自欺。

天理人欲之间,细不容发。有一分人欲,即少一分天理,何可一时不检点?

王龙溪,俗儒之魁也。观其在官,弗能绝请托,可见责人是学者第一病。余尝犯之,故书以自警。

学不由静入,终无头脑。主静之功,须兼动静用。

人只把得失横在胸中,便不能脱然向前去。

袁了凡《立命篇》,其意只是想富贵、怕死,全是一腔私心。

每日之过,出于口者十居八九,须痛克之。

朱子曰:"程门高弟,如谢上蔡、游定夫、杨龟山辈,皆入禅学去。必程先生当初说得高了,故流弊至此。"愚谓三先生之学,或有少偏,朱子言之,使学者知至当之归耳。若学者因此遂不尊三先生,则妄也,当择而取之。

求免风水以安祖宗体魄则可,求美风水以图子孙利达则不可。今之讲风水者,果安祖宗体魄耶?抑图子孙利达耶?此仁、不仁之分也。

居丧三年不御内,汉世武夫亦能行之。今自初丧以后,即不少避。然尚有以丧中生子为非者，此人心不死之一端也。

舒长容问于张起庵曰："有人筵二程，坐间设妓。伊川退而犹厌，其事不忘。明道曰'吾于彼时已不在意'，还是明道近是？"起庵曰："不然。心忘是存养之功疏，心勿忘是存养之功勤。"好善、恶恶，二者之心，自宜拳拳服膺而勿失。颜子当此，必不忘也。孔子遇事，则呼小子识之勿忘。帝王箴铭，正欲佩之终身。此谚传未可信。余谓此轻薄之士，欲援此说以自解耳，明道必无是言。向者尝欲辨论此事。今阅《天中录》，此条与余意合，因录以告同志。

"因循"二字，误尽一生。

吕蒙正不问朝士之名，张公艺九世同居之美，此皆能忍者也。吾愿以之为师焉。

随俗是学者第一病。

"子路有闻，未之能行，惟恐有闻。"看是何等勇。"子路，人告之以有过，则喜。"看是何等勇。程子谓人当先学子路，有以哉。

程子曰："性即理也。"释氏绝伦逃世，既不知理，安能见性？

父母妻子，皆人性所固有者，而释氏必使绝之，真万古之罪人也。

谦美德，傲凶德。无论于尊长前不当傲，即平等之人，或下于我者，亦岂可傲？乃世之文士，自恃其才，眦睨一世，以为天下岂复有人者？不知即此一念，已足见所学之陋矣。昔大舜以"不矜""不伐"称大禹，曾子以"有若无，实若虚"称颜子，岂无才学可恃？特见道理无穷，故不能不自下耳。今乃不学大禹、颜子，而学丹朱与象，其用心不亦左乎？吾党刻骨戒此，勿为时俗所移，可也。

读一书，行一事。少有欲速之心，则必躐等而进矣。余每犯此病，故书以自警。

葬用灰隔，法之善者也。吕新吾犹非之，何也？

释氏不孝不弟而劝人孝弟，无诸己而求诸人，人安能从之哉？

袁了凡《功过格》言，行某善则为一功，行某不善则为一过。夫圣贤言过不言功，即使为子如大舜，为臣如伊、周，亦只为尽其分，不可以言功也。故为臣而言功,则为不忠;为子而言功,则为不孝。功也者,他人之所称,而非己之所得言也。了凡之论,虽云为善,实皆利心。

或言明道见佛必拜,余曰:"此好事者为之也。"昔明道为鄠县主簿,南山僧舍有石佛,岁传其首放光,远近男女聚观。明道谕僧曰:"俟复见,当取其首就观之。"自是不复有光。夫见佛必拜,则敬信之可知。若闻石佛有光,往拜之不暇,安敢使人取其首?明道之学,辟异端,辨邪说,若既辟之而复拜之,此反覆小人之所为,而谓明道为之乎?

释氏是利心,好佛者亦是利心。

人知反己,自不责人。

俗儒谓佛氏之言慈悲,即儒者之言仁。余谓佛氏弃父母、舍兄弟,其不仁莫大于是。彼所言慈悲,皆土苴耳。

周子之主静,程子之主敬,皆兼体用言,皆至当无弊,乃鲁惺庵睢州人曰:"程、朱皆言主敬,濂溪独言主静,一字若差,便成歧路。"此特不识"静"字之义耳。

佛氏言:"若父母为人所杀,无一举心动念,方始名为初发心菩萨。"其忍心害理如此,而儒者犹尊信其教,岂非愚乎?

学者有破釜沉舟之志,卧薪尝胆之功,始可有成。悠悠忽忽,如何济事?

每见人侈口责备他人,而己之所行却不加意。躬自薄而厚责于人,何由进德?

王龙溪谓:"学当致知见性,应事有小过不足累。"纯是释氏之学。

好佛之人,高明者乐其虚无寂灭,昏愚者信其福利果报。

白沙、阳明,皆力求圣人之道者,原其立志,岂云不美?然差之毫厘,谬以千里,学者可不慎哉!

见弃于小人,幸也;见弃于君子,不幸也。

置身于闹中,安得有进?

师也者，所以传道、受业、解惑也。今之为师者，所传者何道？所授者何业？所解者何惑？即自思之，能无愧乎？

读书，求有用也。今惟时文之是务，内不足以修己，外不足以治人，与不读书者奚以异？

柳子厚《封建论》，乱道之言也。其言曰："公天下之端自秦始。"以暴秦之郡县为公，则三代之封建岂皆私哉？

孟子道性善，就本原而言也。孔子论不移，就气质而言也。其言不同，其义则一。韩子《原性》以性善与性恶比较，误矣。

有孟子性善之论，而性之源始正；有程子气质之论，而性之理始备；有程子性即理也之言，而性之理始明。韩子《原性》，盖窥测而未得其至者也，然而过于荀、杨远矣。

君子恕人，小人责人。

诵之于口，存之于心，体之于身，见之于事。此四言读书之要法。

三代以上之人物，以孔、孟之论断为定；三代以下之人物，以程、朱之论断为准。何则？圣贤立心公而考核实也。

从独中做工夫，方可言学。

宁得吾儒之粗，不学佛老之精。

遇事能不动心，是大本领。

郑康成注《易纬》八卷、《尚书纬》三卷、《尚书中候》五卷、《诗纬》三卷、《礼纬》三卷、《礼记默房》三卷。郑氏两汉名儒，而亦惑于谶纬之说，宜宋儒以学未闻道目之也。

包孝肃公《书端州郡斋壁诗》云："清心为治本，直道是身谋。秀干终成栋，精钢不作钩。仓充鼠雀喜，草尽兔狐愁。史册有遗训，毋遗来者羞。"公之人品学问，俱见于此。

程明道云："太山为高矣，然太山顶上已不属太山，虽尧舜之事，亦只是太虚中一点浮云过目。"按：此条是谢上蔡所记，大意言功业虽高，不可自以为高，并无语病。而黄东发《日钞》谓其与四海困穷，天禄永终之戒异，何也？

为学怕的是不以圣贤自期,立志卑则所学无论矣。

事后知悔者,其人犹可教。

惟敬可以养心,惟学可以立身。

勿强人所不欲。

教者不以道德教人,而专以功名辞章教人。此学问所以日陋,而士风所以日下也。

学者不识道义,仕宦不知廉耻,世道可以伤心矣。除却自私自利之心,便可达天德。

君子有三畏:畏天理,畏王法,畏清议。知其所以当畏,可与言道矣。

宋哲宗在宫中漱水避蚁,伊川问:"有是乎?"曰:"然,诚恐伤之耳。"伊川曰:"此恻隐之心也,愿陛下推此心以及四海。"此与孟子因齐王以羊易牛而劝其保民而王同意,所谓引其君以当道,志于仁而已矣。

人无畏友,则放心生。故择交不当取其易狎,而当取其可畏。

《家礼》题主在葬时,今题主在葬之前一日,去礼远矣。

饮酒、食肉、御内,皆居丧之大禁。稍有人心者,断不忍为也。

吕新吾先生《四礼疑》曰:"斩衰唯而不对,齐衰对而不言。不知家庭父子兄弟之间,交接使事之际,但闭口而以意相示乎?果不能不对,不言于家庭而对客,为此态真乎?伪乎?"愚按唯而不对者,盖哀之迫于中而不能对也;对而不言者,盖哀之存于中而不能言也,亦行乎人情之安而已矣。若以不言不对者为不情,将以谈论如常、声容不改者为情乎?人但自视其所居之地何如,果能不言而行事,自以守礼为主。若身自执事而后行者,面垢而已。先王制礼,原非强人以难行也,何必多辨以滋疑哉?

《四礼疑》曰:"居丧废业,士可能也,农工商贾不可能也。"愚按业是架钟磬横木上大版,《诗》曰"虡业维枞"是也。朱子曰:"废业,谓不作乐耳。"吕新吾认为所执之业,误矣。

《檀弓》曰："大功废业。"孔疏曰："业谓所学习业，则身有外营，思虑他事，恐其忘哀，故废业也。"愚按《间传》曰："大功貌若止。"又曰："大功之哭，三曲而偯。"又曰："大功言而不议。"又曰："大功三不食。"此皆指初丧时言也。既葬，则大功饮酒、食肉、御内无忌，安有许其饮酒、食肉、御内者，而独禁其所习之业乎？此"业"字，当作"虡业"之"业"解，无疑。

问："居丧，尊长强之以酒肉，当如何？"曰："当以礼辞之。若稍涉随俗之见，便无事不随俗也。"

丧不废祭，程、朱大儒皆言之。然四时正祭，却不可举行，惟俗节行之可也。

称家有无，不惟丧礼当然，凡事皆当如是。

《檀弓》记曾子多失礼之事，岂曾子质鲁，于礼考究未精耶？抑学未闻道之事耶？

《礼》曰："行吊之日，不饮酒食肉焉。"今吊丧者责饮馔之不美，主人美饮馔以相酬，两失之矣。

凡吊丧，近者当不食而归，远者或襄事助葬，则不饮酒食肉，可也。

吕新吾先生曰："君子居丧，不与燕乐之席，不举吉庆之礼，不谈喜笑之语，不与公私闲事，不为题咏诗文。三年不为礼乐。"此数言皆人所当确守者，余惟勉之而已。

《檀弓》："子夏既除丧而见，与之琴，和之而不和，弹之而不成声。"其心不忘哀。如此可谓得礼之本矣。而曾子乃责之曰："丧尔亲，使民未有闻焉。"岂谓其哀有余，而礼不足耶？抑记《礼》者之误耶？

子路不除姊丧，曾子七日不食，皆守礼之过者也。得圣人裁成之，即归于中道矣。

《朱子家礼》："神主位次，以西为上，自西递列而东，所谓神道尚右也。"然朱子尝曰："此也不是古礼，特以宋太庙皆然，不得不遵时王之制耳。"

本朝《大清会典》："祠堂之制,以左为上,酌古准今,礼宜恪遵。"故吾家祠堂位次,以高祖居中东一龛,曾祖居中西一龛,祖居近东壁一龛,祢居近西壁一龛,以见为下不悖之义云。

《礼》谓宗子居他国,则庶子摄祭。蓝田吕氏、朱文公皆谓今世宦游,非越在他国之比,当载主以行于官所,权立祠堂以祭之,此诚使人无时不申其追远之情也。然宦游无常,或朝秦而暮楚,或捧檄而奉使,间关山河,驰驱万里,置主于篋笥,可乎? 今拟宦有定所,离家稍近者,可奉主于署中祭之。不然,仍令子弟代祀可也。

《家礼》于四礼,无非以宗法为主,而于祭礼尤严。今世礼教颓废,人各为家,欲全用宗法以主祭,有不可行者三焉。古所谓宗子,皆世官世禄者也。今世禄之法废,宗子有辱身贱行者,有降在奴隶者,愚而且贱,必不能统族人而祀其先祖,其不可一也。今所谓祭,不过俗节而已,非人人皆知四时之正祭也。宗子安陋就简,而族有一人焉,欲复四时之正祭,反不得执奠献之事。则是先祖有子孙,而不得享子孙之祀,其不可二也。欲使宗子主祭,而已与执事,而宗子之昏且愚者,又以为古礼必不可行,则将令其废祀乎? 其不可三也。今因时损益,凡为大宗小宗,有欲尽报本反始之心者,仍以宗法为主。若宗子不祭,而支子欲复古礼,亦许其祭及四世。盖当礼法堕坏之日,稍加变通,非敢故乱先儒之制。又罗念庵变通三说,或尊尊,或长长,或贤贤,亦皆简易可行,是在处其地者自酌之。

朱子云："家庙之制,伊川只以元妃配享。盖古者只是以媵妾继室,故不容与嫡并配。后世继室,乃是以礼聘娶,自得为正。故《唐会要》中载颜鲁公家祭有并配之仪。"愚按《丧服小记》云:"妇祔于祖姑,祖姑有三人,则祔于亲者。"陈可大曰:"三人,或有二继也。亲者,谓舅所生也。"据此,则周人继室已与嫡室并,不自唐人始也。

神龛主椟,须时加拂拭,不可令有积尘。

《丧服小记》云:"妾祔于妾祖姑,亡则中一以上而祔,祔必以其昭穆。"又云:"妾无妾祖姑者,易牲而祔于女君可也。"愚按女君,嫡妻也。易牲,谓妾牲卑不可祭嫡室,故易牲也。祖姑及高祖姑,俱无妾可祔,则遂于嫡室祔之。盖生既相依,死亦可祔也。

《家礼》焚黄之仪,在"有事则告"条下。礼只一献,邱氏谓其太简,拟于改题后行吉祭礼,可从。又后儒有谓改题于庙,焚黄于墓者。夫改题与焚黄一事也,可于两地行之乎?祠堂,先祖神之所依;墓,魄之所藏。不于祠而于墓,墓果重于祠乎?若诣墓所行礼,是仍徇俗人之见,以夸耀于乡里耳,不足为知礼者道也。宜从《家礼》,以祠堂行礼为正。

立志不作俗人,又不可流入乖僻一路。

道光丙午五月十一日,在梁园。夜梦吾母有怒容,若呵责予者。岂予存心有不可告人耶?言语有不慎耶?交友有不实耶?书以自省。

常见得自己是,便是大过;常见得自己非,便是大善。

儒者著书,多用佛家字。盖佛教浸入骨髓,故不觉流露于文字间耳。明儒吕新吾、高景逸亦不免此。

顾侠君《言怀诗》云:"古人重读书,功名不足惊。今人重功名,读书存其名。一登要路津,弃置鸿毛轻。灯檠有长短,炎凉从此生。不学羞无术,何以苴编珉。"又云:"农夫不用力,虽耕不如止。士人不用心,虽生不如死。夏簟昼室清,冬(缸)[釭]夜檠紫。辍食便甘寝,百年风过耳。何异景升牛,一脔享军士。不思先圣言,博奕犹贤己。晨兴理发坐,驱蠹启文史。孜孜复汲汲,中宵弗遑此。非贪身后名,聊尽身前尔。"二诗足以砭学者,宜日三复之。

周、程、张、朱之书,虽与六经、《语》、《孟》并尊,可也。

人忿世嫉俗,虽与趋势附利者迥殊,然心专责人,抛却自己本分工夫,亦终不能有进。

学者读书,朝夕咀玩,其理犹恐不得。若不咀玩,只图记诵,虽多亦奚以为?

人之嗜好,虽清浊不同,而无当于实学则一。无论酒色财货,即诗文字学,为吾儒分所宜为。倘一意于此,亦将有玩物丧志之失矣。

父兄、师友及尊长,于己皆礼之所当屈。屈所当屈,己之分也,何耻之有? 彼耻者,特不明乎当屈之理耳。不当屈而屈可耻,当屈而不屈亦可耻。

学者智不明,业不进,以其念之杂,而无主一之功也。何谓念杂? 如思此事未了,又思一事,思此理未透,又思一理,读《易》而思《书》,读《书》而思《礼》,纷纷杂杂,莫有端绪。虽终日端坐一室,如置身于稠众轰烈之中。不克治之,终难入道。或问:“此念何以治?”曰:“主一无适。”一言尽之矣。

先除去富贵利达之见,然后可以言学。此孔子所以有取于狂狷也。

毋不敬,是一部《礼记》纲领。宋儒主敬之学,得其要矣。

积而能散,居家之要道。

《曲礼》详载饮食起居、长幼尊卑之节,正学者所当持循而不可失者。若此处不理会,纵谈心说性,极精细,极透快,只是口耳之学。

孔子曰:“若圣与仁,则吾岂敢?”谦辞也。又曰:“出则事公卿,入则事父兄,丧事不敢不勉,不为酒困,何有于我哉?”又曰:“默而识之,学而不厌,诲人不倦,何有于我哉?”盖谦而又谦之辞也。后儒才讲学,便以道统自任,岂所学过于孔子耶? 亦不自量而已。方存之云:“须知圣人之谦,正是望道如未之见,正是战战兢兢,孜孜汲汲,惟恐学之不及。曰岂敢,曰何有,心□何等勉皇,此正是以道统自任也。后儒自尊自大,以道统自任者,其心之骄满,已去道也远矣。”

观“子之燕居”一章,见圣人气象同于天地。

不思景公之富,而甘受首阳之饿,学者不可无此志。

孟子曰:“养生者不足以当大事,惟送死可以当大事。”盖养生之事,今日稍有未尽,可待明日竭力为之。若送死稍有未尽,即贻终身之悔。且父母所需于人子者,于此更急,故曰大事。

《汤诰》始言性。汤之闻知,于是可见。

《甘誓言》恭者四,足见启能敬承继禹之道。

《孟子》"君之视臣"章,特为宣王说法,使之使臣以礼耳。若为臣者视君待己如土芥,而以寇仇报之,则为背逆之臣矣。

分毋求多,"分"字读去声,谓己所当得之物也。不求多者,盖临财退让之义也。分且不可求多,况苟得乎?

礼有吉、凶、军、宾、嘉,其定亲疏、决嫌疑、别同异、明是非,亦兼是五者而言。孔《疏》单指凶礼,未当。

《曲礼》曰"毋不敬",此学道之纲领也。"俨若思,安定辞",此学道之节目也。"安民哉",此学成之效验也。

《礼》曰:"临难,毋苟免。"孟子曰:"可以死,可以无死,死伤勇。"苟免不可也,伤勇亦不可也,观义当何如耳?

子曰"修己以敬",即"毋不敬"三句之义也。"修己以安百姓",即安民之义也。所学至此,天德、王道一齐了贯。

按《大戴礼》"曾子事父母"篇之辞曰:"孝子惟巧变,故父母安之。若夫坐如尸,立如齐;弗讯不言,言必齐色。此成人之善者也,未得为人子之道也。"《曲礼》亦有"若夫坐如尸,立如齐"二句。朱子谓:"取彼文,而'若夫'二字,失于删去。"当矣。然《大戴》之文主于子见父母之时,而《曲礼》之文主于平居自修之道,其义固迥然不同也。

颜路之请车为非礼,夫子之不与为尽义。若夫子许之,则是彼以非理求,此以非理应矣。

"颜渊"章注中胡氏"葬可以无椁"等语,即势而言也;"君子之用财"等语,即理而言也。盖当时夫子既无余财,颜子贫者又不必有椁,故不肯卖车以为之耳。若颜子无棺,夫子必不使之无棺也。

按朱子文集有《答石子重书》曰:"问:颜渊死,孔子若有财,还与之椁否? 顺之曰:'不与。丧称家之有无。颜渊家本无,则其无椁乃为得宜。孔子若与之椁,便是使颜渊失宜,孔子必不肯。盖椁者,可有可无者也。若无棺,则必与之矣。'曰孔子若有财,必与颜渊为椁。盖朋友有通财之义,况孔子之与颜渊,视之如子耶? 所谓丧具称家之有无者，但不可以非义他求耳。"此论与《集注》中胡氏说互相发，宜并存之。

不动心由于养气，养气由于集义。偃师武虚谷亿于京师菜市口观杀人，以求不动心法。方存之云："此释氏炼心之法。"误矣。

姚承庵曰："'学而'一章，是孔子自摹的小影；'志学'一章，是孔子自序的年谱。'叶公问子路'一章，是孔子自赞的行实；'莫我知也夫'章，是孔子自表的心事；'乡党'一篇，则是门人熟察于俯仰之间，仿佛摹拟孔子的行状见《困勉录》。"学者能体此数章书，可以知圣人矣。

阎潜邱曰："昔人谓天不生仲尼，万古如长夜。愚则谓天不生宋儒，仲尼之道如长夜。"又曰："周元公，其三代以后之伏羲乎？程纯公，三代以后之文王乎？朱文公，三代以后之孔子乎？"潜邱学问博综，其论经义，多不宗宋儒，而斯言则至当，不易之论也。

"战战兢兢，如临深渊，如履薄冰。"曾子之心，终身如是。后人欲学曾子者，必当自此始。

释氏无父无君，固有天下者所当严禁。然其徒皆蠢愚无知之人，故止毁其寺塔，焚其图经，禁其受徒，遣之复业，斯亦可矣。崔浩劝魏主尽诛沙门，不亦过乎！

魏信寇谦之而诛沙门，太武帝太平真君七年。唐宠赵归真而禁僧尼。武宗会昌五年。去彼取此，非真能除异端者也。惟周武之佛道兼禁，君子无讥焉。周武帝建德三年。

《新唐书·循吏传》云李惠登为隋州刺史，"虽朴素无学术，而视人所谓利者行之，所谓害者去之"，是即《大学》"民之所好好之，民之所恶恶之"之意也。后世之吏能师此意行之，可谓循吏矣。

《旧唐书·良吏传》薛珏曰："求良吏不可兼责以文辞，宜以圣君爱人之本为心。"盖为政而能爱人，则为吏之道尽，虽无文辞，岂害其为良吏哉！此卷自道光七年起，至道光十六年止。

卷 二

《通书》文字高简,义理精详,继《语》《孟》之书者,其在斯乎!

吕新吾先生《省心纪序》曰:"莫尊于心,莫严于事。心念百年一去,无复我生,两大与参,何可惭负!平生亭亭楚楚以丈夫自雄,乃为百欲作臧获,驱之禽兽之群而莫知忿焉,岂不深可羞、深可痛哉!"余每读此,便觉毛骨悚然。以后迁善改过,务当奋迅勇决,切不可悠悠忽忽,以流为禽兽之归也。

曾子日省皆大端。而《省心纪》自一言、一动、一时、一念之过,无不毕载,较三省之功更密。真学者之律令格式也。

吕新吾先生《四礼疑》一书有直情径行之意,《四礼翼》却好。

人须识孝弟忠信,即是日用饮食,离了一刻,便不可以为人,始得。

郁郁不得志者,是内无所得。内有所得,则外自轻矣。

心无所得,遇事拂乱。纵著书满家,终不济事。

仁者以万物为一体,与《庄子》"齐物我"迥别。

为学,先办取此心。

"只惟其言而莫予违"一言,断送了古今多少英君哲士。

钱心湖先生曰:"著述亦足累心。"须日玩味经中至理,以求自得之乐。

能济人者,不失其富;能下人者,不失其贵。

顺民情以为治,此今日为官者固本回生要剂也。

今人多言率性而行,观其所为,放荡豪侈,全是客气用事。认贼作子,误尽一生。

仁者以万物为一体,遇胜己者尊敬之,遇不如己者悯怜之,便觉世间人都无不是。方存之云："须知遇恶者诛谬之，如去疾决痈，然亦是体，故疾痛相关如此。"

读此书，心在此一书，便是敬。

钱心湖先生告余曰："读书不可过急，急则累心。若读一书未终，更思读一书，终日逐逐，心无已时，此与驰骛声色货利者虽异，其累心一也。汝读书过急，心为书役，恐无自得之乐。"余敬聆诲命，因书于册以自警。

才一检点，便觉自己言语多了。

庸言之谨，此言最有味。

凡事尽心，不可厌烦，令有缺陷。

今人因好名，勉强做一两件好事。然其根原从外起见，必不能善全始终，毫无罅漏。

人当气盛之时，以巽言劝之，令其可转，因此悔悟者多矣。一激烈便害事，进言者不可不知。

终日言收敛，细忖己心，仍是向外者多，可见克治之难。

每日间总觉言语多，心不存也。若能存心，言语自少。

《左传·成十三年》传云："敬，身之基也。"《僖二十三年》传云："敬，德之聚也。"《僖十一年》传云："敬，礼之舆也。"《周语》云："敬，文之恭也。"古人训"敬"字，皆因事立义，不主一说。程伊川云："主一之谓敬，无适之谓一。"始示人以亲切下手之处。朱子云："身在是，则其心在是，而无一息之离；其事在是，则其心在是，而无一念之离。"发明程子之义无余蕴矣。蔡虚斋引而伸之曰："敬，训主一无适，而实不胶滞。若做此一事，方主一于此。忽又一事有重于此者，则又宜移其心于彼矣。"更能推广程子所未及。

孔子言："父母在，不远游，游必有方。"此为父母之强健者言也。若父母衰老之时，动辄需人，正宜朝夕在侧，殷勤事奉。缘此事须自竭其力，不惟非仆赁所能代，即妻妾亦有不能代者。若己辄出游，而于父母饮食起居，委之他人，岂事亲之道乎？

古人言："敬以事亲。"敬者，心存之谓也。凡父母饮食起居，一时不在心，便非敬；一事不在心，便非敬。惟时时刻刻记在心头，务求适乎父母之情而后已，庶合乎敬以事亲之道矣。

《礼记·内则》曰："孝子之有深爱者必有和气，有和气者必有愉色，有愉色者必有婉容。"夫有愉色婉容，则必无戚容，无怨容，无惰容，无思容，无忽容。本中心之深爱，有自然而然者。若作而致其情，则懈心生而诸容见矣，岂事亲之道乎？

《史记·循吏传》公仪休为鲁相，"使食禄者不得与下民争利，受大者不得取小"。是平日教令其僚属如此。及"见其家织布好"，使任其所为，是与民争利也，是受大而复取小也。己身不正，安能使百官之皆正？故"疾出其家妇，燔其机"，所以正己也。后世空言率属不能正己之身，是表斜而欲影直也，岂可得乎？或又以其事为不近人情，盖后世之人利欲锢蔽已深，绝不知正己之事，故见古人行事稍峻洁者，遂疑其不近人情。岂知畜马乘不察于鸡豚，《大学》早已垂戒乎？

桃应问瞽瞍杀人之事，孟子曰："窃负而逃，遵海滨而处。"盖即此而言乎天理之极，人伦之至，非实有其事也。然后代之事，亦实有与此相类者。《史记·循吏传》曰："石奢者，楚昭王相也。行县，道有杀人者，相追之，乃其父也。纵其父而还自系焉。使人言之王曰：'杀人者，臣之父也。夫以父立政，不孝也；废法纵罪，不忠也；臣罪当死。'王曰：'追而不及，不当伏罪，子其治事矣。'石奢曰：'不私其父，非孝子也；不奉主法，非忠臣也。王赦其罪，上惠也；伏诛而死，臣职也。'遂不受令，自刎而死。"石奢所处，较舜为尤难。盖舜人君，而奢人臣也。然欲尽乎事理之极，则一而已矣。岂肯自惮其死，而不求合于道乎？

朱子编《论孟精义》，既取其精粹者入《集注》中，复辨论诸说之离合得失，以为《或问》。盖《或问》因《集注》《精义》而作也。故读《四书》者必兼看《精义》《或问》，始为周匝无遗义。或谓："朱子《或问》多未定之论，《集注》后来屡次修改，《或问》却不曾再修，遂与《集注》不相应,似看《集注》不必复看《或问》。"不知《或问》为折衷诸说之由,其与《集注》异者,固当以《集注》为主,若与《集注》同者,岂不可辅翼《集注》以博其趣也哉! 或又谓:"《精义》中之粹者既入《集注》中,则凡《集注》所不取者似皆可弃矣。"不知《精义》汇萃诸儒之说,兼蓄并收,其显为《或问》所驳者固可不看,然亦有《或问》所予而不为《集注》所收者,惟自始至终细心玩味,则诸说之同异得失皆得以曲畅旁通而各极其趣矣。朱子《语类》每教人看《精义》,只将诸说相比并看,自然比得正道理出来,正此义也。岂因《集注》已成,遂废《精义》乎! 或问:"朱子有《论语要义》,又有《论孟精义》,其实一书耶? 二书耶?"曰:"朱子当隆兴元年编《论语要义》,专主河南二程氏之学,并附其门人朋友数家之说,有序文见集中。见《朱子大全集》卷七十五。后因《论语要义》推广,及于《孟子》所取之说,曰二程氏、横渠张氏、范氏祖禹、二吕氏大临、希哲、谢氏良佐、游氏酢、杨氏时、侯氏仲良、尹氏焞,凡十一家,名曰《论孟精义》,乾道八年自为之序见《朱子大全集》卷七十五,刊于建阳。其后复考程、张诸先生说,时有脱遗,既加补塞,又得《毗陵周氏说》四篇有半,附于各章之次,淳熙七年刊于豫章郡学,虑读者疑其详略之不同也,复跋于序后。见《朱子大全集》卷八十一。是书编定凡三次,其实一书也。"或曰:"朱子《或问》因《集注》《精义》而作,淳熙四年《或问》书成,见年谱。在《论孟精义》三编本之前,时尚未得周氏说,何以《或问》已辨及周氏也?"曰:"朱子得周氏说,不详何时,迨淳熙七年刊本始为之跋,非至淳熙七年而始补塞重编也。故《或问》已及周氏也。"或曰:"今本《精义》中何以无周氏也?"曰:"《精义》刊于建阳者凡十一家,无周氏,至刊于豫章始有周氏,今石门刻本因不得豫章本,仅从建阳本翻出,故无周氏也。然《直斋书录解题》及国朝《四库》著录《论孟精义》,皆云有周氏说,学者访求补足可也。"或曰:"周氏何人也?"曰:"程子门人也,名孚先,字伯忱。伊川称其气质纯明,而其《说四书》则不见《宋史·艺文志》及《文献通考》中。今并其说而亡之,岂非周氏之不幸也哉!"

看《论孟精义》，先将诸儒之说体会一番，再看《或问》中论辨取舍之义。凡经朱子所评论，皆不高不低，有恰好道理在，信乎群言至朱子而定也。

孟子曰："学问之道无他，求其放心而已矣。"时时温习，则心不放矣。

"学而时习"章，谢上蔡《论语解》谓："坐如尸，坐时习；立如齐，立时习。"朱子初言其说得疏率，见《语类》。后却采入《集注》。盖以程子"时复思绎"主知说，谢氏主行说，故以谢氏语配程子。若专主一说，则皆偏了，朱子意盖如此。

人不孝弟，则大本已失，更说甚仁？所以孝弟为为仁之本。

巧言令色，不可也。色厉内荏，亦不可。惟言思忠，色思温，养乎中以达于外，斯为能全其心之德矣。

陆稼书先生《松阳讲义》云："《大全》内朱子有一条云：'三省是曾子晚年进德工夫，盖微有这些子渣滓去未尽耳。在学者则当随事省察，非但此三者而已。'又一条问：'三省忠信，是闻一贯之后，是未闻之前？'朱子曰：'不见得。然未一贯前也要忠信，既一贯后也要忠信，此是彻头彻尾的。'二条不同。按《语类》前一条是何叔京所记'乙未以前所闻'，后一条是陈安卿所记'庚戌、己未所闻'，后一条是定论。"余按既以后一条为定论，则前一条当删去矣。今《三鱼堂四书大全》犹两说并收，前人谓其书尚有未尽廓清者，其是类欤？

"曾子三省"章，《论孟精义》载游定夫之言曰："此特曾子之省身者而已。若夫学者之所省，又不止此。事亲有不足于孝，事长有不足于敬欤？行或愧于心，而言或浮于行欤？欲有所未窒，而忿有所未惩欤？推是类而日省之，则曾子之诚身，庶乎可以跂及矣。古之人所谓夜以计过，无憾而后即安者，亦曾子之意。"此最得言外引伸之义，凡读书如是以推之，益有不可胜言者。

"道国"章"信"字，朱注只言"信于民"，未言何以为"信"。余以为浅言之，则号令期会不肯朝更夕改；深言之，须是己先孝而后教民孝，己先弟而后教民弟，己先忠信而后教民忠信。若不能有诸己，而徒以文诰示于人，虽言语剀切，而民亦不信之矣。盖必有立乎言之先者，而信乃可示于人也。

"道国"章"节"字，非省啬之谓。盖国之制用，皆有节度，不可少，亦不可多。若作"省啬"讲，恐邻于出纳之吝矣。

"子夏贤贤易色"章，本示人以为学之道在敦伦。朱子《集注》引游定夫说以发明之，可谓至矣。复恐人有因此废学，故引吴才老说以防其弊。盖以天资之美有限，学之为益无穷，并非崇末抑本，言读书重于敦伦也。后儒又恐人信吴氏之说，不信子夏之说，故冯少墟《四书疑思录》曰："'虽曰未学'，语意与'虽曰不要君，吾不信也'同，只是决其即此是学。吴注谓抑扬太过，其流弊或至废学。不知'虽曰'乃圣贤文法，非抑扬之词。如以此为废学，则'君子食无求饱'节亦废学耶？"李二曲《四书反身录》曰："吴氏固为有见，而以之致疑子夏，实未达子夏口气。盖抑扬其语，正所以折衷学问之实。令人知学之所以为学，在此而不在彼。所重在此，所学即在此。自此说出，而天下后世人人晓然知所从事，不至以口耳辞章了生平，其有补于纲常名教非鲜，真学者之清夜钟也，何流弊之可言！亦何至于废学！"得此二说，子夏之意益昭于天下矣。

朱子之学虽出于伊、洛，然于程子之说亦有不尽从者。如"贤贤易色"，孔安国云："以好色之心好贤，则善也。"程子曰："见贤改色，有见贤之诚也。"朱子《集注》不从程子而从孔氏，亦惟其当理而已。

"贤贤易色"章，《论语精义》载杨龟山之说曰："先之以贤贤易色者，盖学本于致知，亲贤所以致知也。"故为天下有九经，而尊贤在亲亲之先，亦此意也。《或问》驳之曰："杨氏'尊贤亲亲'之说巧矣。然子夏之言，未必有此意也。必若其言，则上章所言之序，又何说以通之乎？"余细味子夏之言，是为能言而不能行者痛下针砭，非言为学之次叙，朱子之论当矣。云峰胡氏祖述杨氏之说，《大全》详载之，岂发明朱注之意乎？

"事父母能竭其力"，是竭尽其力，不留有余也。清夜反己自思，有多少抱愧。

"事君能致其身"，《集注》云："委致其身，谓不有其身也。"时平，匡君以定国；时变，鞠躬而尽瘁。至死生当前，即舍其身以殉之，亦所不惜。如是，方可谓之致身。世人遇小小利害，便只为自己一身谋，不为国家谋，安望其能致身乎！此子夏所以于斯人急许其已学也。

"学则不固"，孔安国有二义：一曰"固，蔽也"；一曰"言人不能敦重，既无威严，学又不能坚固识其义理也"。张横渠、吕与叔、杨龟山皆从第一说，朱子从第二说，以其义长也。

谢上蔡曰："申颜自谓不可一日无侯无可。"或问其故，曰："无可，能攻人之过。一日不见，则不得闻吾过矣。人不可与不胜己者处，钝滞了人。"其言有益于学者，故表而出之。

"有诸内者形诸外。"有爱亲之心者，方能有爱亲之色；无爱亲之心者，必不能有爱亲之色，故以为难。若服劳奉养，仅有内不如是，而外面却极好者，岂可以是而信其为孝乎？

贫贱不以道得之时，正当用逆力。迨实见得贫贱有不可去之理，随遇而安，则逆而顺矣。学至顺处，其乐何如？

见贤思齐，见不贤而内自省。凡有所闻见，皆返到自己身上，故随处可以取益。若不知此，闻见虽多，亦只供谈论之具耳，于己何益哉？

嘉、隆之世，士大夫侈讲学之名。天下靡然从风，而不从事于躬行实践。观李见罗遣步卒供生徒，其所讲所行者，概可知矣。

良知之学既行，天下学者右象山，表慈湖，小程氏，斥朱子。其恪遵洛、闽者，罗整庵、崔后渠而外不多见。汪石潭俊独尊所闻，行所知，不以交好而从良知之说。非中有定见，乌能如此？

兰溪陆汝亨震官兵部员外郎，偕黄巩谏武宗南巡，下诏狱，与巩讲《易》九卦，明忧患之道。杖五十，创甚，作书与诸子曰："吾虽死，汝等当勉为忠孝。吾笔乱，神不乱也。"遂卒。夫处难，动心之地也；将死，神乱之时也。文王囚而演《易》，曾子死而易箦。观汝亨系狱讲《易》及与诸子书，可以知其所养矣。

陈克庵先生选著《小学集注》，为紫阳功臣。而清风峻节，能使顽廉懦立。此之谓真士夫，此之谓真道学。

嘉善周永则先生尝作《戒谑箴》曰："莫道是诙谐，其实是轻薄。被人包容，甚于戮辱。"敬慎之言，可置座右。

读《孟子》"齐人有一妻一妾"章而犹存利达之心，不可以为人矣。

不可有一毫责人之心，此言当深念。

自欺是学者第一病，一欺则无所谓学矣，可不戒哉！

不可有一毫非父母之心，一有则非孝矣。

读《呻吟语》，可以逐人邪秽心。

心中苦念杂，不敬故也。不敬则学无所得，虽终日诵读何益？

细行不矜，终累大德，圣人之教人甚严；过而能改，谓之无过，圣人之望人甚殷。

胡敬斋先生暗然自修，以布衣终身，人谓薛文清后一人而已。杨方震曰："本朝以理学为倡者，薛敬轩《读书录》、胡敬斋《居业录》，粹然一出于正。"即此而论，所学不在罗文恭、顾端文之下，而孙征君《理学宗传》仅列之《明儒考》中，汤文正公犹以为位置不错，何也？

习心最害事，学者宜先去之。

因毁誉而动心者，学不纯也。

人与己争，而能自己任过，省却多少烦恼，多少患害。彼世之好勇斗狠，以致丧身亡家者，皆由于不肯任过耳。

吾人为学，当展卷时便默省：今日读书，为道德身心耶？抑为富贵利达耶？为道德身心则扩充，为富贵利达则克治。如此省察，庶不至枉用其功矣。

韩昌黎《送浮图文畅师序》于异端而告以圣贤之道，与孟子"告夷"之正同。

孟子曰："人之所以异于禽兽者几希。"吾人正当结实用力，保此几希，勿令堕落，与禽兽同归。

为人犹想及身后名，其人可与为善。

为人先除去利达之心，然后可以言学，以谢显道之贤。因"决科之利"一言，伊川曰："是心已不可入圣贤之道。"人安可不慎其所发哉！

己先立定根脚，不为流俗所动，毁誉所移，然后可于学上用力。不然，纵有志于道，其不半途而废也几希矣。

闻人言己善，则当忧。何以忧？忧己之不克副也。闻人言己不善，则当喜。何以喜？喜己之得闻过也。

人当看书时，见古人嘉言懿行，便思己有此善否，无则自勉。见古人败德佚行，便思己有此恶否，有则力改。触目提醒，使此心常常警觉，则善可日进，而恶可日消矣。

孟子不与右师言，薛文清公不拜王振。千百年后，犹想见其泰山岩岩气象。

陈烈读"求其放心"而悟曰："我心不曾收，如何记书？"闭户静坐百余日，然后读书，遂一览无遗。吕新吾先生初读书，苦训诂家言杂乱，不能记忆，乃默坐澄心，体认本旨，久之了悟，年十五，五经皆通。盖书之不记，由于心之不澄，能澄其心，则读书自记。观陈、吕二公遗事，可以得读书之法矣。

读古人书，非专记诵以为组织辞章地也，原欲借古人之言以克治其身心。吕东莱读躬自厚而薄责于人，忽觉平时忿懥涣然冰释。如此方为真读书。

先儒言使人一钱不值一钱。此言可发深省。

学者读书，惟一始能专，惟淡始能入。若心乱而思杂，急名而趋利，虽读如不读也。

苏魏公《书帙铭》曰："非学何立？非书何习？终以不倦，圣贤可及。"蒲传正《戒子弟》曰："寒可无衣，饥可无食，至于书不可一日失。"程子书铭曰："含其精，茹其实，精于思，贯于一。"此数言可以砭俗学，故表而出之。

　　方正学《深虑论》可与韩退之《原道》、欧阳公《本论》相匹。当时目为小韩子，询不诬矣。

　　刘安世自隳栝平日之所行，与凡所言自相掣肘矛盾者甚多。余谓不自隳栝，平日言行掣肘矛盾，安于不自知；一自隳栝，则平日之掣肘矛盾，有历历于心者。此所以贵乎省察也。

　　性命之精微，即在人伦日用中。

　　有人处困而向余鸣不平者，余谓正当因此磨炼其性，所谓"贫贱忧戚，庸玉汝于成也"。若因此而怨天尤人，则非圣贤之道矣。

　　许鲁斋先生说《书》章，数不务多，惟恳款周折。若未甚领解，则引证设譬，必使通晓而后已。尝问诸生："此章《书》义，若推之自身、今日之事，有可用否？"大抵欲其践行，而不贵徒说也。今人讲书，必如此切实，听者方为有益。若只以剖晰文义为事，则亦无用此虚文矣。此卷自道光十七年起，至咸丰元年止。

卷 三

刘念台先生年二十六,师事敬庵许公。念台母卒,求传于许公。许公载笔而书,终以敬身之孝勖先生曰:"使念念不忘母氏艰苦,谨身节欲,一切世味不入于心,即胸次洒落光明,古人德业不难成。传所谓求忠臣于孝子之门,乃刘子所以报母氏于无穷也。"今岁六月,我母卒,罔极之恩,无可报答。亦惟如许公之勖念台者,取以自勖焉,是即所以报我母也夫。

曾子曰:"亲戚既没,虽欲孝,谁为孝?"我母既没,虽欲尽心于母而不能矣。读此言,不禁泫然泪下。

人惟战兢戒惧,故行无愧怍。行无愧怍,故心广大宽平。

陆稼书先生《四书大全》于"子罕言利"章末附顾麟士一条,论及题窍。注此章而犹涉功利,亦可谓侮圣言矣。

有义理之命,人所受于天之正理是也。有气数之命,寿夭穷通之不齐是也。吾人遇事,当以义理之命制气数之命。理当为则为,穷通得失略不计算。虽明告以无可成,而犹必尽其力。盖以义处命,而气数之命自在其中矣。

圣人教人以下学,而不语人以上达,故雅言《诗》、《书》、执《礼》,四教文、行、忠、信,而性与天道不可得闻,命与仁则罕言之。盖能明乎《诗》《书》《礼》之精,尽乎文、行、忠、信之实,上达自在其中矣。

杨龟山谓:"夫子对问,仁多矣。曰罕言者,盖言求仁之方而已。仁之本体,则未尝言之。"此言甚确。而《蒙引》驳之曰:"己欲立而立人,己欲达而达人,克己复礼为仁,此岂亦求仁之方耶?"愚按仁有本体,有功夫。夫子告人,多就功夫说。如"己欲立而立人,己欲达而达人""克己复礼为仁",亦是就功夫说,而谓非求仁之方,误矣。

泰伯以父母之心为心,故能以天下让。后人惟知有己,不知有父母,一身之外,便隔膜不相关。无论不能让天下,虽些小之物,亦不肯让矣。

让,有形可见,其让小;无形可见,其让大。泰伯之让,无形可见,故民无得而称焉。

古之孝子,先意承志。凡父母所欲之事,无不曲为顺从。故泰伯见父有传位季历之意,即携仲雍潜逃。使己安然不动,父安能越次传位于季?季安肯越次而受哉?今己一往不返,则父传位于季为有辞,季受位于父为无愧。一让而父子、兄弟伦理各得其正,又不见其逊让之迹,谓非德之至而无以加乎?后世之人,不知体贴父母之心,惟以得国得位为重,兄弟间少有闲隙,遂致决裂者多矣。闻三让之风,其亦知愧乎?

《二程遗书》曰:"泰伯三以天下让。立季历,则文王道被天下,故泰伯以天下之故让之也。不必革命,使纣贤文王为三公矣。"程子主让周说,立意圆融,故表而出之。

泰伯之让,王季之友。一辞一受,兄弟间绝无嫌隙,真非后世之所能及。

无其事而故张大者多矣。若行善而故隐其名,岂非人之所不可及乎?

曾子易箦,仍是战战兢兢,至死不肯一刻少懈意。曾子有疾,召门弟子曰:"而今而后,吾知免夫!"子张病,召申祥而语之曰:"君子曰终,小人曰死,吾今日其庶几乎!"检点平生,无愧无怍,故生顺死安,毫无系累。

曾子易箦之事甚难。常人于安居之时,明知非义而安之者多矣。曾子当疾病危笃而能易箦,真是遵道而行,至死不懈。

恭、慎、勇、直皆美德,然必格物、穷理,知四者恰好道理何在,其行方为无弊。若只认作好题目,率意而行,不知检点,则劳葸乱绞之弊，有不能免矣。吾辈审诸。

吾人行事，虽属当然，亦必几经斟酌，方知恰好道理所在，方可前行。若一直向前，恐或有误。

养身与养德，只是一理，只是一事。

曾子之学，坚苦笃实，处处用逆力，故临终获免。朱子疾革，门人请教，曰："须要坚苦。"亦是曾子之意。

三以天下让，明道、伊川俱云："不立，一也；逃之，二也；文身，三也。"然此虽分三节，其实只是一事。故《集注》不从其说，惟以固逊为解。盖恐指实，于理难通耳。

乐正子春云"一举足而不敢忘父母""一出言而不敢忘父母"，即"战战兢兢"之意。

无伐善，无施劳。颜子盟心已久，追功益深，心益下，将善劳之念消灭净尽，故绝不见己之能，己之多，而谆谆然问于不能，问于寡。非自知其能而故问于不能，自知其多而故问于寡也。

观孔子所以教弟子者何事，门弟子学于孔子者何事，便知今人所学之非矣。

颜渊聆视听言动之训，则请事斯语。从博文约礼之教，则欲罢不能。平日为学，进而不止。其自视则歉然，虽有若无，虽实若虚。虚则进，进则不止。若自以为有，自以为实，中心满假，必不复进矣。

君子所贵乎道者三，从容貌、颜色、辞气上见。盖积中达外，理有固然。蔡虚斋曰："若是真道德性命，必有见于威仪之际、动容之间。"旨哉言乎！

程子谓："天生一世之人，自足了当一世之事。"若因养之不得其道，知之不尽其能，遂谓天下无才，岂天下果无才乎？

饶双峰曰："仁者之心，视人犹己。故人虽有犯，不忍与之校曲直。才校则直在己，曲在人，而物我相形矣，便非包含偏覆之意。"此意与《集注》"不见物我之有间"意正合，颇能得颜子心思。

颜子三月不违仁，其心以天地万物为一体，包含偏覆，无所不周；

慈祥恺悌，无所不爱；虽有触犯，若不知然，而何用校耶？

孔子曰："忿思难。"且以一朝之忿，亡其身以及其亲。谆谆垂戒，盖为常人言也。若颜子之心，非含忍而不欲与校，非思难而不敢与校，盖能物我无间，故不觉形迹两忘。我辈遇人触犯，即不能学颜子之无我，亦当因忿思难，而不可存计校之心。

人若无所为而为有善，安能矜伐？矜伐者，皆有所为而为也。

道无物不有，无时不然。故学者当随处做工夫，不可一时忽略。

人若心中用功，则随在可以取益。若不于心中用功，即日读圣贤书，亦只是口耳之谈，何益之有？

遇事不从自己躯壳上起见，便渐有万物一体之意。

圣人之心，浑然天理流行，故无意必固我之私。

有善以退让居之，则人不嫉忌。《书》曰："汝惟不伐，天下莫与汝争功。"

天下内事，皆己分内事，即朝夕孜孜前进，犹惧不足，安敢以一善自足，一得自喜？

除去闲杂无益之事，专从性分之所固有者用功，学自有进。

孟子言："一齐众楚，求为齐语而不可得。"此言中人以下之资，易随俗波靡耳。若有志之士欲学齐语，得一齐人朝夕师效，惟恐不足；众楚在旁，置之弗顾，安肯以齐语之少而不尽心乎？

"有若无，实若虚"，是曾子见他气貌言论如此，故以二语形容之，非彼自以为若无、若虚也。

吾辈终日讲明经书，以陶冶身心，原是自己性分中事。若欲以此求名，则心向外驰，便为小人儒矣。

古人居民上者，皆君子以贤治不贤，以能治不能，故上下相安。今贤能未超人，而强居乎民上，则小人而乘君子之器，盗思夺之矣。有国者用人，安可不慎乎？

大而君臣父子，小而事物细微，无一事不求当于理，便是仁。

人遇理所当为，每迟疑推诿，不肯合下承当，不以为己任，安知任重？即任之而奋于始，怠于继，半途辄止，安见道远？若见道既真，知天下内事皆己分内事。既属分内之事，即己所必为之事，责在一身，无可旁贷，其任不已重乎？一日如是，日日如是；一事如是，事事如是，造次颠沛，无一息止，不已远乎？有不可夺之大节，方能干得天下事。若平日不以节自励，见利则趋，见害则避，欲其任天下事难矣。

宏毅是求仁之功用。

仁者以天地万物为一体，稍形隔膜，便不周流充满，安可不宏？仁者无终食之违，稍有间断，必至尽弃前功，安可不毅？

仁者以天地万物为一体，其道甚大。学者不能骤及，但于每日接人应物之际，除去自私自利之心，惟存忠厚恻怛之意。由此扩充，便渐近万物一体之气象矣。

每日读《四书》，句句反到身上，句句有惭。

《诗》曰："天生烝民，有物有则。"有是事即有是理，盖天命之所赋也。若遇事任意而行，不求合理，则失乎天命之性，何以为人？

涵养德性，矫变习俗。

充满腔子恻隐之心，便能以天地万物为一体。

"兴于《诗》，立于《礼》，成于《乐》。"古人穷经，皆实有得力处，不似今人只讽诵其辞而已。

《礼》主于敬，《乐》主于和。二者交相为用，不可偏废。

人于《诗》《礼》《乐》之词，无不肄习，而未能兴起于善。卓然有立底于大成者，以只诵其词，而不知反求诸己也。若知《诗》《礼》《乐》为淑身之具，时时向自己身上体贴，则穷一经便有一经之益，其效自相因而至矣。

民可使由之，不可使知之。治民者正宜斟酌于其间。

言宜适当其可，一句不可多说。

人有才艺而不知道，往往挟其所有，夸示于人，珍秘于己，自以为可以度越庸众矣。不知天道恶盈，学宜虚受。虽才艺如周公，一有骄吝，且不足观，况不如周公乎？甚矣，人不可自恃其才艺也！

自己本无才艺，默自体察，骄吝意亦未能尽除，安可不痛加克治？

程明道曰："新法之行，亦是吾辈激成之。"是程子之自反。非恕心养到极处，岂肯为此言？

冯少墟曰："'非礼勿视'四句，工夫在感应上做；'出门如见大宾'二句，工夫在心上做。"余谓视听言动，虽是感应，而勿之则在心；如见大宾，如承大祭，虽在心，而出门使民则是感应。必内外交治，功夫乃全。若专主一边，恐或有偏枯之处。

每日恻隐羞恶、辞让是非，未尝无发见时。及事至当前，往往放松过去。以后务当省察扩充，使由心以达之事，而勿蹈自欺之弊，则善矣。

凡书中所言好处，己望之而未能；所言不好处，己除之而未尽。如不奋发克治，将来不知如何结果。不至于縠，便是正学；至于縠，便是伪学。学者急宜猛省。

人而不仁，疾之已甚，不独居上位者不可如是也，即居乡党间亦不可如是。有人心虽奸邪，而名系同类。正宜含忍包容，化之以渐。若极口指斥，使彼无地自容，则嫌隙一开，往往怨仇相寻，不破家亡身不止。余见如此受害者多矣，因书之以为同人之戒。

人果好学，则物惟恐不能格，知惟恐不能致，意惟恐不能诚，心惟恐不能正，喜怒哀乐惟恐不中节，子臣弟友惟恐不尽分。即朝夕汲汲皇皇，犹有未足，安能分心到縠上？至縠者，皆非真好学者也。

学而至縠，全是为人。须透出此关，方可言学。

"学"字所该甚广，格致诚正，均在其中。人三年中，全在此用功，绝无一毫私欲，则日用间天理流行。如此等人，真不易得。

古之学者，从仁义道德上用功，尚有修天爵以邀人爵者。后世学者，专从辞章上用功，所学既非，而欲心不外驰，难矣。

闻人讪己，即当自反，不可有一毫怒意。观周公《无逸》之书曰："'小人怨汝詈汝'，则皇自敬德。厥愆曰：'朕之愆。'允若兹，不啻不敢含怒。"帝王且当如此，况吾辈乎？

能行朱子小学之书,则立地便是圣贤,岂可以小学而忽诸!

喜闻过则急图迁改,日趋于善;恶闻过则刚愎自用,日趋于不善。此是人鬼关头,生死岐路。

人平居常说喜闻过,及闻有人议己,却不免有愠意,以未能克己故也。若能克己,则闻过喜其能改,何愠之有?

有过则内自讼,人告之则喜,内外交治,庶几有进。

施一善于人,即欲人感己,浅矣。

常人告之以有过,则愠;子路人告之以有过,则喜。此是圣狂之分,知愚之判。

有骄吝之心者,断不能闻过而喜。

自有其善者,必不能服善。禹不自有其善,故一闻善言,不觉屈己下之。虚则能受,理固然也。

终日收敛,心尚有外驰之时。若不知操存,则放荡恣肆,莫知所底矣。

心外驰,即是功不纯,宜密自省察。

平日知诱物化,心向欲路熟,理路生,遇事时不知不觉私欲发见,而天理埋没矣。今日宜用力矫变,务使理胜于欲,始得。

为学宜先绝外慕。外慕既绝,然后能安坐读书,心不妄动。心不妄动,则道理方看得出,行之方有力。若外慕不绝,如游骑无归,虽口谈道学,终不济事。

吕泾野先生曰:"学者有三多四寡。寡言则行力,寡动则静深,寡交则业专,寡欲则理明,是谓四寡。多学则德积,多思则几研,多就吉人则为之也易足,谓三多。"余谓有四寡,方能于三多加功。盖减除外务,然后能专用内心也。

心存则读书方能取益,以其向身心体贴也。若不存心,虽朝夕攻苦,读破万卷,自己身上毫无受用处,何益之有?

遇事须审理之是非,勿任气质行去。

把行放轻,单讲究文字,今人所以不如古人,正在于此。果能移讲究文字之功以力行,何古人之不可及哉!

为穀而学,种子已错,发出来,安得有好事业?

心存则理明,理明则是非辨,是非辨则处事各得其当。故学者以居敬为第一义。

心在腔子里,便能非礼勿视,非礼勿听,非礼勿言,非礼勿动。

每日自验心存有几时,心放有几时,便知所学之浅深矣。

心放不必想到声色货利上,只思所不当思,便是放。

"思无邪""无越思""心要在腔子里",皆涵养之法。

今人只是无笃信之心,开头已错,学徒何处讲起?

人心一息不存,则视听闻见便不灵,处事便不当理。须涵养此心,使息息常存,则感而遂通,庶少差谬矣。

父母当迟暮之年,人子事奉,当倍加小心。朝夕起居饮食,无一时不预防其疾。自己身体,亦不可稍有疏略,致生病疾,以贻亲忧。若上不能防父母之疾,下不能保己之身,则不以亲心为心。虽无违背,亦不得为孝矣。

"俨若思",是敬见于貌。"安定辞",是敬见于言。貌言俱敬,则无不敬可知。以此临民,庶乎差忒少而民可安矣。

人一敬,则事事俱不苟且,故曰敬者德之聚。

父母惟其疾之忧,欲体亲心,则当谨于未疾之先。凡可以致疾之事,无不加意防备,能不生疾,则己身安而亲心亦安矣。岂非孝乎?

群居终日言不及义之人,与他少见面为妙。若所居之地,所处之时,不能不见面,须是敬以持己,使一无所沾染。此处正宜用毅力,不可一毫放松。

人子谏亲,当积诚于未言之先。及谏时,又委曲宛转,不敢直言唐突,父母岂有不动? 不动者,仍是诚未积,语未善也。

人虽是极熟识之人,待之亦必须恭敬。若待生人恭敬,待熟人不恭敬,便是敬有间断。且因相优而相狎,因相狎而相谤者多矣。凶终隙末,皆由于此,岂可不以为戒?

礼是天性所固有，无一时可离，无一事可离。

理与欲不并域而居，志于道德，必遗乎利禄；志于利禄，必遗乎道德。人若志于道德，而犹萦情于利禄，则道德必为利禄所夺，而道德无几微之存矣，安可辨之不审乎？

程明道先生《秋日偶成诗》云："富贵不淫贫贱乐，男儿到此是豪雄。"圣贤所许豪雄在此，切勿误认。

危邦不入，乱邦不居，须是好学以明其理，方能识得，方能行得。若识见不明，随行逐队，因人进止，即不得祸，人亦从而笑其后矣，况多因此而得祸乎？可见人欲善道，须先好学始得。

人各有位，即各有政。自谋其政，汲汲皇皇，尚恐不及，何暇谋人之政？若不自谋其政，而谋他人之政，无论己职必旷，即有余力，亦岂可越分以侵官乎？惟自谋己之政，而不谋他人之政，则在己之职修，侵官之弊绝。本分能安，庶合知止道理。

人问于我，谋之必忠；不问于我，则各止其所，而不强为之谋。盖事有分际，稍过一毫便错。

旧令尹之政，必以告新令尹，亦是交替之际为然。若卸事已久，而犹代为之谋，则真侵官矣。

心在腔子里，始能思不出其位。若不在腔子里，则茫茫荡荡，不知向何处去，岂能不出其位乎？

伊川解"学如不及"章曰："文意不难理会。须是求所以如此，何如始得。"吾辈读书，正宜求所以如此、何如处，不可徒理会文义也。

"学如不及，犹恐失之。"此夫子自道其下学之功也。夫子虽是生知，而其心不自以为生知，故其下学之功，较常人为倍切。若自以为生知，则满假一形，必无精进之功，安能为圣人？

"学如不及"，虽及而视为不及也。"犹恐失之"，不失而犹有是恐也。盖心不自足，故不及。恐失之象，常悬于心目间。若作有意观，则失之矣。

"学如不及，犹恐失之。"圣人犹如此汲汲皇皇，吾辈安可不自奋发!

"学如不及,犹恐失之。"无论学道德、学文艺,不如此俱不能有成。然学道德而如此用功,可望至于圣贤;学文艺而如此用功,不过得乎科名。人能于此辨其轻重,庶不至误用其心矣。

舜禹有天下而不与,故夫子称其"巍巍"。若以富贵动念,则失其巍巍矣。

舜禹有天下而不与,有二义:一是有天下之富贵如无有,一是有天下之功业如无有。此等事,人皆自矜夸,舜禹都不放在心中。看他德性是如何崇高。

圣人善诱善诲,无人不可成就。然必其人能听言,能改过,方有可望。若说而不绎,从而不改,则是自弃之流。虽善诱善诲,亦无如之何矣。

"不在其位,不谋其政。"此特举泛泛之人言耳。若兄弟、叔侄、门人、弟子所居之位,当事关利害之大、行介可否之间,又岂可坐视而不为之谋乎?

日用之间,安处善,乐循理,即是德,即是行道,而有得于心。若非有得于心,安能不待勉强自然为之乎?

正为此事,忽想到他事上,便不是主一无适,便是不敬。

苏氏"狂而不直"章注云:"中材以下,有是德则有是病,有是病则有是德。"愚谓人若扩充其德,变化其病,虽狂、虽侗、虽悾悾,未尝非可造之资,乃不化其不美之质,而变本加厉焉,斯亦莫可如何矣。

抛却自己职分,专代他人谋事,即所谋可取,亦是越俎。况其心已放,所谋未必是乎。

"巍巍乎舜禹之有天下而不与"章,明道云:"圣人于天下,自不合与,只顺天理、茂对时、育万物而已。"伊川云:"舜、禹得天下而已,不与求。"余谓顺天理而已,不与治,是不自恃其功业;得天下而已,不与求,是不动心于富贵。与朱注文虽不同,而意实相通,并存之以见义蕴无穷,似未为不可也。

舜视天下悦而将归己，犹草芥也。禹贵为天子而菲饮食，恶衣服，卑宫室，稍动心于富贵，断不能如此。

值富贵显荣而动心，只是内不足。若中有所得，自不动心于外物矣。

狂、侗、悾悾是气质之性，直、愿、信是义理之性。狂而直，侗而愿，悾悾而信，是气质之性不能蔽其义理之性；若狂而不直，侗而不愿，悾悾而不信，是气质不美而又为习俗、物欲所蔽。义理之性无复存者矣，安能知其所底乎？宜圣人深绝之也。

道无穷，学无止。即振起精神，奋前直追，犹惧不得。若稍怠惰，则半途而废，前功尽弃矣。

凡读一章书，即宜考验自己能否。如读"舜禹有天下而不与"，不必验之天下也，但看目前小名微利，能不动心否？小技小能，能不自恃否？小者不与，则大者可望扩充。如小者不能不与，而曰我异日处富贵不动心，其谁信之乎？

《乡党篇》记夫子衣服饮食，或丰或俭，皆有至正道理，此谓时中。学圣人者，宜于此观之。

衣敝缊袍而耻，盖由富贵念重，道德念轻，稍不如人，愧怍即形于色。若道德足于中，更何羡乎富贵？不见人之盈，自不觉己之歉矣，何耻之有？

道者，日用事物当行之理，皆性之德而具于心。士果志道，当于日用行习间，事事皆求合理。一有不合，则其心愧耻，若挞于市，此方是志道者心思。若不耻不合道，而以恶衣恶食为耻，名为志道，其实不知何者为道，岂足与议哉！

耻为羞恶固有之良正，用之则耻己之德不修，行不纯。汲汲皇皇，日求所未足，何暇想到衣食上？耻恶衣恶食者，皆不思修德，不思励行，而惟营营于外观者也，何足与议哉？

向外多一分，即向内少一分，安可不自猛省？

衣服是日用之物，自宜整齐洁净。若求备求美，则心为物役，虽有存焉者寡矣。

学道非甚难，只怕无真心。

今人读"士志于道"章，皆知恶衣恶食之不可耻。及放下书册，仍复衣求华、食求美。不知衣求华，即是耻恶衣之心；食求美，即是耻恶食之心。心向外驰，总缘读书不曾体之于己。若切己体察，遇此等念头，用力克治，则精神内敛，自无耻恶衣恶食之念矣。

禹富有四海，贵为天子，而菲饮食，恶衣服，贬损己身，不肯稍过。今士庶人稍有余赀，即于衣食求丰求美，无论道理不合，即此享受太过，亦将为灾祸之由矣。

先母性节俭，源生制新衣以奉，多弗御。源生宾祭衣盛服，事毕，即命易之，曰："汝安可见新不爱旧？"

人须有不耻缊袍胸襟，方能进道。若厌贫贱，慕富贵，志趋卑陋，难与言道矣。

源生性刚而少涵蓄，常时时涵养此心，欲变其不美之质。及事至面前，气质往往发动。涵养不密，省察功疏，中心负疚，因书以自警。

因门人之言，延一画师，相对三日，又觉厌烦。当初听言之际，虽经斟酌，而未虑其所终。三日后，厌心忽起，总缘事理未穷，故不免差谬。以后务当居敬穷理，涵养此心，使澄定明白，事到面前，斟酌尽善而后行。既行，则须始终一致，断不可行至中间，忽起厌心也。此卷首二条，咸丰二年记。以下自咸丰三年正月起，至六月止。

卷 四

"过则勿惮改。"注曰:"惮,畏难也。"夫改过何难,而竟以为畏?只为留恋私欲,故不能脱去旧习。若真以去私为心,过未有不能改者,只看立志何如耳。

只为惮于改过,遂致断送一生,岂不可怜!

或问:"人非圣贤,孰能无过?"过既难免,必有以防之于先,治之于后,方得寡过之道。余谓三省四勿,是防之于未过之先;喜闻过,内自讼,是治之于既过之后。过未萌,用省察功夫;过已见,用克治功夫。朝夕如此用力,庶乎其寡过矣。

人为习俗所染,所行不合正理,未之知也,尚可自安。若闻明师益友之言,知向日所行为非,即当斩钉截铁,力除旧习,不使少有沾染。倘贪恋私欲,不肯决然舍去,则克治不勇,即是自弃,吾末如之何矣。

人心稍不检点,则过失在所不免。然有过而自言其过,则严师益友可以攻吾之短,而过庶可望改。若不自言其过,复文饰其过。虽善谏者,亦将望而却步矣。过不改则过日积,过日积则人欲肆,天理灭,小人之归,殆所不免。可不惧哉!

人之文过,本欲欺人,其实人何能欺?不过自欺其心而已。人甘自欺,非下愚而何?

人来说吾有过,我极口辨论,以自言其无过,此便是文过。讳疾忌医,灭身不远矣。

改过则为君子,文过则为小人,人奈何甘为小人而不为君子乎?

汤改过不吝,为一代圣贤之主;纣拒谏饰非,为千古极恶之君。

人即不敢望成汤,断不可不以纣为戒。果能以纣为戒,翻然悔改,日迁于善,亦即是成汤路上人矣。

蘧伯玉,卫之贤大夫,其事之表见于世者,人皆以君子称之,似无过之可言。然大过易寡,小过难寡;显见之过易寡,隐微之过难寡;愈省察过愈多,益严密过益见。伯玉心中,实见有未能之意,故使者为之曲曲传出。余生平为学,虽亦用力于省察克治,而本原之地,既未干净。斯外著之端,不免尤悔。不惟小过难寡,即大过亦未易寡;不惟隐微之过难寡,即显见之过亦未易寡。倘不发愤自强,以寡过为期,恐积过成恶,将为伯玉之罪人矣。

不欲寡过,亦不知自己有过无过;一欲寡过,便自见得。日日欲寡过,日日觉未能;时时欲寡过,时时觉未能。纠绳愈严,负歉愈深。彼世之自以为无过者,特未欲寡过耳。

人不幸有过,或因误蹈而不自知,或因习染而不能拔,为之师若友者,正宜尽心归谏,使之悔悟。若以为与己无干,不肯直言,甚且背后议论,当面奉承,若惟恐有忤于人者,非为师友之道也。

朋友有过当谏,然必积诚于未言之先。及进言之际,又几经斟酌而后出之,不浮泛,不激烈。既抉其受病之由,复悚以事后之害;既原其往日之愆,复开以自新之路。如此方为忠告,方为善道。若泛然以陈,无迫切之情;责之太深,无委曲之意,及友不从,又以为吾职已尽,遽然而止,是岂忠以交友之谊耶? 虽然,此特为进言者言之也。若听言之人,无论人言委曲与不委曲,俱当虚心听受,立志改悔,方不负言者之意。

拒谏文过,固为不可,然亦有不拒谏,不文过。人虽尽言,外貌无忤,而心性之间,不能刻意改悔。见于事为,仍然复蹈故辙。此其人虽与拒谏文过者不同,而自弃其身,则一而已矣。

“事君数,斯辱矣;朋友数,斯疏矣。”夫子之意,盖以为言贵得中,无取过分,并非预言辱疏,以阻人谏诤之心。乃不知此意者,当未言之先,惟恐辱我疏我,虽君友有大过,往往欲言辄止,缄默自安,阿唯取容。且不谏安知其辱，不谏安知其疏耶？且不数何至于辱，不数何至于疏耶？若能尽其迫切之情，将以委婉之词，苟非病狂丧心之人，即不尽从，未有遽然辱之疏之者。况因言悔悟，亦不少耶？吾愿进言者尽心匡救，不可因数而获咎，亦不可防辱疏而先止也。

"事君数"胡氏注曰："事君谏不行则当去，导友善不纳则当止。"余谓不行则去，义固当矣；而不纳则止，其义尚有未尽者。盖友不纳善，则其行日即于邪。倘仍与之亲密，既恐为吾德之损，亦无以明始谏之心。且谏君不行，尚且去位，岂谏友不行，而可安然如故耶？从而远之，以庶几友之一悟，是亦不谏而谏之一道也。

君子以文会友，以友辅仁。盖古之会友，原是讲明正学，非借以结纳声气。及友已亲附，则望其劝善规过，辅我成德。如此方是会友之道。今不知出此，泛言结纳，徒事征逐，即言求益，亦不过质证文艺而止，未有言及身心性命者，安望其辅仁以成德耶？吾辈读此章书，即思己之会友，是讲明正学否？所取之友，能辅己以成德否？时时刻刻，以古之讲学辅仁为期，以今之结纳征逐为戒，庶可得友之益，而友道常存于天壤矣。

人不能无友，而友有损益，须辨之于早。如能直言之人、有执持之人、博古通今之人，虽觉端方难亲，而于我德性学问，实能大有裨益。我诚心以结之，屈己以下之，赖其切磋，资其薰陶，改过迁善，有出于不自觉者。若习于威仪而不直，工于媚悦而不谅，习于口语而实未多闻，此等人虽易于交接，而本心既已陷溺。外面专事弥缝，一相亲密，将与之俱化矣。损益昭昭如此，求友者安可不谨之于始哉！

直、谅、多闻为益，便辟、善柔、便佞为损，夫子盖略言之。其实益不止此三者，损亦不止此三者。如友孝弟之人，可以励我之薄行；友廉介之人，可以化我之贪念；友和平之人，可以祛我之躁心。是凡善皆有益也。如友权势之人，则谄心易生；友狂妄之人，则佚志易逞；友奢侈之人，则骄心易起。是凡恶皆有损也。由此推之，损益不可胜言，惟在求友者之自择耳。

　　吾人读"益者三友"章、"损者三友"章，便默计平日之友，何人端方，可以作我之模范；何人正直，可以规我之过失；何人多闻，可以辅我之学问，有则近之亲之。更默计平日之友，何人习于容止，专以应酬为事；何人工于媚悦，专以顺人为心；何人习于口语，欲以巧言见长，有则疏之远之。亲之近之，则益自至；疏之远之，则损不生。若不知损益所在，而惟与习熟软媚、阿欲顺己者为友，则规戒既无，旧习日深。欲为正人，岂可得乎？

　　临事不欺，有过能规，即是益友。专事软媚，不肯直言，定是损友。

　　人来谏我，我愈亲近他。有此受善之诚，人将益来谏我矣。

　　人即忠直性生，肯言人过，而迟回顾虑之心，亦不能无有。胸中本欲说十分，及进言之际，不过说三分。盖直言极谏，非易事也。倘听言者并此而拒之，将何以为受善之地乎？惟愿听言者，即友之所已言以想其所未言，触类旁通，默省己过，则所听虽少，而获益实多矣。

　　或谓世俗泛泛之友，安能以道义责之？余谓虽世俗之友，亦必以道义行之。如友近于善，我即辅之翼之，俾成乎善；友近乎恶，我即规之戒之，俾绝乎恶；友不见听，我即疏之远之，以明吾志；若友以非礼非义之事约我，我即直言拒之，断不少徇其意。如此则世俗中我之道义自在，何必离世俗以言交乎？

　　正人难得，知人实难。与其狎比匪人，追悔于事后，何如守己独立，慎重于事前。故处今日而论友，果有正直可依，自必急相亲附。如其无之，则寡交未始非守身之一助也。

　　"无友不如己者"，诸家《论语》注多不解"如"字，而寻其文意，皆作"比"字训。《史记·孝武纪》注引韦昭曰："如，犹比也。"意正如此，言求友必须道德相同，不可与不贤者友耳。或谓："必如己者始与之友，设有德行未成，而立志向善，求友于我，将拒之耶？"余谓友是指求友于人而言，若有人友我，虽德行未成，而能立志向善，亦可引而进之矣，何必拒乎？

范内翰《论语注》曰："无友不如己者,所以进德也。夫与贤于己者处,则自以为不足;与不如己者处,则自以为有余。自以为不足,则日益;自以为有余,则日损。"朱注虽主此意,而不如范说之畅,宜并存之。人之求友,原期劝善规过。然显著之过,友得而规;隐微之过,友不得而规。友既不得而规,正宜自己严密省察,痛加克治,方免发见于外。若内自宽假,而徒借友匡正,吾恐救于前,失于后,灭于东,生于西,欲其成德也难矣。

改过当奋迅勇决,朝闻则朝改,夕闻则夕改。若迁延时日,终身无能改之日矣。

有受善之诚,然后有改过之勇。若意欲拒谏,则自以为是,安能改过乎?

天者,理而已矣。时行物生,顺乎理之自然,万物得所,而绝无铺张扬厉之迹,故无名。尧治天下,惟顺乎理之自然,光四表,格上下,而绝无铺张扬厉之迹。无铺张扬厉之迹,则亦不可得而名矣。

今人行一善事,人皆称之。未有称天某事善者,以全体之皆善也。尧与天合德,全体皆善,故民无能名。

有舜而后有五臣,有武而后有十臣。盖舜、武能明理则能知人,能知人则能得人。若人君不能明理知人,则贤才沉于下僚、沦于草野者多矣,安能比隆于唐、虞乎?

为人君者,知才之难,即当培养于先,拔擢于继。若不培养之而摧折之,不拔擢之而弃遗之,欲天下如唐、虞之治,难矣。

常提醒此心,使不妄发一言,不妄为一事。不妄发一言,而后所言皆正言;不妄为一事,而后所行皆正道。

邵子冬不炉,夏不扇,由其所养者固也。若不能持养而欲学,不炉不扇,其将能乎?

薛文清公《读书录》云:"人心即食色之性,道心即天命之性。"余谓食色之性虽为人心,而能本天命之性以行之,则食色之性亦即是天命之性,所谓道心为主而人心听命也。

《读书录》云:"本然之性理一也,气质之性分殊也。"余按本然之性,无有不善,故理一;气质之性,有善有不善,故分殊。然人能变化其气质之性,以复其本然之性,则分殊之中,又自有理一者在。

《读书录》云:"只是一个性,分而为仁义礼智信,散而为万善。"盖谓事虽万端,而或为仁,或为义,或为礼,或为智,或为信,无非真性之所发见。吾人朝夕行事,能辨其仁不仁,义不义,礼不礼,智不智,信不信,以为从违行止,则日用间无非天理流行之妙矣。

敬无显微,无大小,不惟处有人之地当敬,即处无人之地亦当敬。处无人之地而敬,则能敬于有人之地可知矣。若不能持敬于无人之地,纵能持敬于有人之地,亦出于勉强而不可久。昭昭信节,冥冥惰行,欲德之成难矣。

大禹圣人,乃惜寸阴。至于愚人,当惜分阴。惜阴者,恐时已过而不及学也。若不知惜阴,谓今日不学而有明日,今年不学而有来年,则终身无能学之日矣。

有程子之主敬,然后能学周子之无欲。若不主敬,则人心放佚,私意横生,安能无欲乎?

人心惟危,主敬则危者能安;道心惟微,主敬则微者能著。盖克治扩充,皆以敬为本也。

惟圣罔念作狂,稍一放佚,即便堕落。圣人且然,吾辈安可不自警惕? 惟狂克念作圣,苟能悔悟,即是进机。狂人且然,吾辈安可不自奋发?

人于目前之事,多不检点,任欲而行,却言我异日能自树立。不知目前深自检点,恪遵礼法,尚恐行之不熟,难当大任。若不知检束,任欲而行,则人欲日盛,天理日微。异日当大任,安能克自树立耶?

余尝误以二人为一人,对众人言之,深自愧悔。心一忽略,即有失言之咎,不可不密自省察也。

人有才而修德,较无才为易。若有才而不修德,则其才皆作恶之具耳。伯宗曰:"怙其隽才而不以茂德,滋益罪也。"人安可徒恃其才乎？

未发用涵养工夫。涵养者，涵养吾心之天理而勿失也。已发用省察工夫。省察者，省察起心动念、应事接物之际，而勿令差谬也。如未发不用涵养工夫，必不能寂然不动；已发不用省察工夫，必不能感而遂通。惟已发、未发各致其功，则静存动察，自有天理流行之妙矣。

一时怠惰，即是一时自弃，人安可不时时自励乎？有过知悔，固胜于不悔者。然徒悔而不能自新，亦无以克盖前愆。惟于过之所在，决意不为；善之所在，勇往直任。昔悠柔，而今必矢以刚断；昔欺伪，而今必出以诚信；昔怠慢，而今必致其恭敬。日用行习，无不大变其前日之所为。斯之谓自新，斯之谓善补过。

天地以生物为心。春生夏长，固是生物；秋敛冬藏，亦是敛其气以为生物之本。程子云："观天地生物气象。"人常如此存心，则生意自觉盎然矣。

天地无一时而不生，人安可一时而不仁。

程子曰："满腔子是恻隐之心。"盖恻隐之心，乃天之所赋予者，本自充满，无少缺欠；有触斯应，绝无等待。但为私欲所间，发见于一时，不能发见于时时，而其心遂不充满而有缺欠矣。

程子曰："凡物有本末，不可分本末为两段事。洒扫应对是其然，必有所以然。"盖洒扫应对，末也；洒扫应对之理，本也。诚能当洒扫而洒扫，不当洒扫而不洒扫，当应对而应对，不当应对而不应对。一率乎天理之自然，则尽其当然，而所以然者自在。虽物有本末，安可分本末为两段事乎？

程子曰："无妄之谓诚，不欺其次矣。"愚谓学者未能无妄，先求不欺。果能以不欺存心，而见于言行间者无一毫之伪，则始而勉强，久而自然，即可由不欺以进于无妄矣。

义理之性，本寓于气质之性；气质之性，不离乎义理之性。盖非理则气无以行，非气则理无所丽。若截然分为二，则非是。

天理流通则仁,私欲滞塞则不仁。仁,生道也;不仁,死道也。古人云:"哀莫大于心死。"可不儆乎?

无一物非天之所发育,无一事非仁之所周流。

张横渠谓:"礼仪三百,威仪三千,无一物而非仁。"盖圣人制作三千三百,皆从仁中流出。若其中不仁,则礼仪虽好,皆属虚文矣。

徇欲者必戕生,知谨嗜欲则能保生矣。

性善,义理之性也;有善有不善,气质之性也。然义理之性,由气质之性而见,故有上知、中人、下愚之不齐。吾人用功,当化其气质之性,以复其义理之性。则性虽不一,而可同归于一矣。

知既至,行必力;行既至,知益深。

人闻雷则恐惧之心生,恐惧则无妄矣。故《无妄》之《象》曰:"天下雷行,物与无妄。"

人以妄心行事,故其往多眚。若能无妄,则动以天而不动以人,无所往而不利矣。《无妄》之初九曰:"无妄,往吉。"人可不以无妄存心乎?

人为一事而即望其效,其事便有不中理处,便有行不去处。若尽心营为而不程效计功,未有行不去者。《无妄》六二曰:"不耕获,不菑畲,则利有攸往。"是其义也。

时至事起,君子因其当然而为之,故既耕则必获,既菑则必畲,非为富而始获始畲也。

己本无过,而人以非礼相加。设与之校,是己之妄动与彼等矣。《无妄》之九五曰:"无妄之疾,勿药有喜。"静以自守,即可无咎。又何必与之校乎?

提醒此心,则敬自存;精一其心,则理自得。

明道先生曰:"且省外事。"愚谓人不知道,见得外事皆不可少,遂致终日忙迫,无一时闲。若以道绳之,则外事之可省者甚多,省其不当为之事,自专心于当为之事矣。

明道先生曰:"但明乎善,惟进诚心。其文章虽不中,不远矣。"人果真知善之当为,而诚心以为之,其见于外者,自有情文之可观。盖内笃实则外辉光,理固然也。若徒求之仪文之间,而内无实心,不诚中而求形外,将何由以形外乎?

程子曰:"学者识得仁体实有诸己,只要义理栽培。"或谓:"仁既已有诸己矣,何必更求栽培?"不知至大之理虽能有诸己,若非义理栽培,如种谷者虽已发生,而非壅以粪土、润以水泽,将终无长成之望。然则为学者安可恃其已得而不加栽培之功乎!

"孔子乐在其中,颜子不改其乐。"当时既未明言所乐何事,后世解者亦多为疑词,不能指实。余按《孟子》云:"万物皆备于我矣,反身而诚,乐莫大焉。"窃意孔、颜之乐,反身而诚之乐也。盖平日常用戒慎恐惧之功,故有反身而诚之乐;若不用戒慎恐惧之功而欲学乐,则将以放佚为乐,而非孔、颜之乐矣。

程子尝云:"量力有渐。"此四字最为任事者之善法。如善之所在,既识其当为矣。然或势不得为,力不能为,虽抱此念,亦无如何即可为矣。而其先后缓急之间,又自有序存焉,不可以急迫偾事也。只此为善之心,一刻不可忘耳。

谢上蔡举史书成篇,程明道先生谓其玩物丧志。明道自阅史书,却逐行看过,不遗一字。盖以此修治身心,则句句有益。若只图博识,不惟读史为玩物丧志,即读经亦是玩物丧志也。

记诵博识,心向外也;切己体察,心向内也。学者读书,能知内外之辨,庶不至误用其心矣。方存之云:"以切己体察为主,则记诵博识,皆是为己之学。"

朱子谓气质之性之说,始于张、程。余谓《论语》"性相近"章、"唯上知与下愚不移"章,虽未明言气质之性,而实专论气质之性。至程、张发明之,其理渐著,实不始于张、程也。

程子曰:"视听、思虑、动作,皆天也。人但于其中,要识得真与妄尔。"愚按天生蒸民,有物有则,故视听、思虑、动作,皆有当然之理。吾人为学,须默识自己言动,何者顺其当然之理,何者不顺其当然之理。顺者扩充，不顺者克治，则一己视听、思虑、动作，庶能全其真而祛其妄矣。

程子曰："敬义夹持，直上达天德自此。"愚按敬义夹持，内外交相养也。吾人为学，但当专于此用功，至达天德，却不可预先期望，然敬义之功既至，未有不能达天德者。顺其自然，则亦无弗至矣。方存之云："敬则天理存诸心，义则天理施诸事。夹持纯熟，久之天理浑然，非上达天德而何？"

"言忠信，行笃敬"，原是尽己之所当为，非为欲行地步。而果能以此存心，常若参于前，倚于衡，自然利有攸往。吾人于此章书，读之非不熟。试默自省察，果于忠信笃敬，常若参于前，倚于衡乎？如不能然，□□怪前途之多阻矣。

程子谓："今之学者三：一曰文章之学，二曰训诂之学，三曰儒者之学。"愚按文章、训诂皆儒者所有事，果能笃志儒学，则文章、训诂未始不可为吾道之羽翼。若以文章、训诂为主，将有愈去而愈远者。人能于此辨别途径，立定主意，庶可不迷于所往矣。

张横渠曰："立吾心于不疑之地，然后若决江河，以利吾往。"盖人之前进不敏，只为知之不真。若能立吾心于不疑之地，其为之之速，有不可以顷刻待者，沛然若决江河，虽欲御之而不能矣。方存之云："何能立于不疑之地，则穷理之功，其最急也。"

凡人为一事，功未至，而急望其成者，敬未至也。若此心常存，自知行为有叙，不可以躁心处之矣。

"立，则见其参于前；在舆，则见其倚于衡"，真是无处不然，无时不然。言行纯是天理，人心自然感服。

"立，则见其参于前也；在舆，则见其倚于衡也。"朱子注曰："忠信笃敬，念念不忘，随其所在，常若有见，虽欲顷刻离之而不可得。"余平日为学，虽知以此存心，然默自省察，或忠信未至，或笃敬未密，或有时忠信而未能笃敬，或有时笃敬而未能忠信。盖未能随其所在，常若有见，故不能一言一行，自然不离。以后惟当时时省察，时时鞭策，未言未行之会，念念不舍；方言方行之际，事事不忽。如此用功，庶不流于小人之归矣。

或谓忠信笃敬，亦间有不能行者。余谓蛮貊可行，事虽难必，而理则不可易。孔子穷于当时，昌于身后，又岂以一时之通塞为定论耶？

欲富贵，厌贫贱，人心也。不处不去，道心也。人心而以道心制之，则人心即道心矣。

富贵不以道得，不是争夺龙断，亦不是夤缘干求，乃无所求而自至者。然虽无求而至，而其至也，却与道理不合。稍一游移，即丧本心，故断断乎其不处也。贫贱不以道得，不是斗很致穷，亦不是奢侈致败，乃抱志守节而所遇辄穷者。生事虽未充足，返己却无愧歉，于此守分安命，正合素位而行之意，故断断乎其不去也。

不以道得之富贵，人皆知其不当处，临事却未免游移；不以道得之贫贱，人皆知其不当去，当境却未免怨尤。不处不去，吾辈正当于此立定脚根，勿为境遇所夺，始得。

吾人读"富与贵"章，不必求之高远，但当于微名微利之来，审其是道不是道。是道则取，不是道则勿取，充此便可以审富贵矣。遇难堪之境遇，不必问其当得与不当得，而惟安命顺受，无一毫怨尤之心，充此便可以安贫贱矣。若遇小事不求合理，而言我能审富贵、安贫贱，恐小事游移，而大事亦未能果断也。

"君子无终食之间违仁"，"终食"字不必泥，言无一时违仁耳。不违仁，则念念皆天理，事事皆天理。虽造次颠沛，而亦无毫发之间断焉。言"造次颠沛"，则平居可知矣。信乎无一时之违仁也！

或问："何以能无终食之间违仁？"余按陈紫峰引张横渠"言有教，动有法，昼有为，宵有得，瞬有存，息有养"六言，以释此句，义最切实。吾人求仁，能如张子之言用功，则可以不违仁矣。

仁者尽己之所当为，而不存一毫私心，故能先难而后获。若预存计功谋利之心，必不能尽己之所当为。即尽所当为，亦是从功利起见,而仁之道有亏矣。

心放则粗,心存则细。

世人读书处事,往往以先入之言为主,不能平心观理,须如横渠所云"濯去旧见,以来新意"方好。旧见者,先入之言也;新意者,天理开发处也。旧见不除,则新意不生;旧见一除,则平心观理,道理自见。尝忖验之,良然。

义理虽寓于文字中,须从文字上透过一层,方见义理。

理明则不为鬼怪异说所惑,故程子言:"只于学上理会。"

心细则无所不入,心粗则所见皆蔽。

一句话说错,便有无穷之悔。故未言之先,宜预先思量当说不当说,不可冲口而出也。

子曰:"《书》云:'孝乎惟孝,友于兄弟,施于有政,是亦为政。'"可见圣人无地非学,无地非政。何必舍现在所居之位,而空谈异日之设施哉?

《大学》言学,《中庸》言道,然不为《大学》之学,必不能尽《中庸》之道。必格致诚正,修齐治平,于《大学》之学无不尽;斯中和位育,于《中庸》之道无不全。

德性之知与闻见之知,虽是二事,然闻见之知,正所以助其德性之知。闻见之知既尽,德性之知愈明,非有二也。

人不真心为善,则德性之知既已昏蔽,虽有闻见,皆属口耳。若真欲为善,则德性之知既明,更即闻见以浚其德性之知,而德性之知益大。德性之知日大,自可渐臻豁然贯通之境矣。

万物之理,虽皆吾心之理,然必知既至,理始能得于心。若知不至,则理仍在物。

人之自欺,到事为已著,便难收拾。惟于人所不知而己所独知之地,即加省察。察其意之所发者,果是真实为善否?果是真实去恶否?时时刻刻在独知之地用功,自然所发者皆真实而不自欺矣。

《章句》云:"独者,人所不知,而己所独知之地。"又曰:"谨之于此以审其几。"盖人之念虑一动，非善即恶。此人所不知，而己独知之者。谨之于此，则善可长而恶可消。若待私欲滋蔓而后治之，则无及矣。此卷自咸丰三年七月起，至九月止。

卷 五

自天赋异于人而言，曰降衷，曰明命，曰性；自人禀受于天而言，曰受中，曰明德，曰天理。其实一也。

敬以直内，立天下之大本；义以方外，行天下之达道。

心以思为职，思则心存，不思则心放。心之存不存，只在思与不思之间耳。故曰："学原于思。"

古人教人以实事，今人教人以虚文。教人以实事，虽下愚可望有成；教人以虚文，虽上哲亦难自奋。非不欲奋也，聪明才智汩于虚文之中也。天下聪明才智尽汩于虚文之中，世欲治得乎？

"鼓钟于宫，声闻于外"，诵此诗安能不致谨？于幽独中存诚敬，外物自不能动。

事未来，不可存期必之心。事至面前，随分顺理应之，应过即了，不可存留恋之心。故明道云："心不可有一事。"

人系于一偏，则心中昏塞，看道理不见。若能公其心，则虚明自生，物来能照矣。

欺人者，于人无损，于己却大有所损。必须句句求实，事事求实，方合自修之道。

敬则心虚，虚则灵；不敬则不虚，不虚则不灵。盖心一放，则本体被私欲滞塞，欲其灵敏得乎？

人身血气，常运转于一身之间，不可有一息停，停则疾病生；天地理气，常流通于天地之内，不可有一刻止，止则灾祲见。

不欺一人，不慢一人。

人因有过，往往以难于湔洗，遂弃身于恶，不知人特患不能改耳。

若能改,则可复于无过。能复于无过,虽平日指摘其过者,亦必喜其悔过之诚,服其改过之勇,人岂可自弃乎?

立志以圣贤自期,则每日言动自必有异,旧日积习自必能改。所谓先立乎其大,则其小者不能夺也。

敬则心明,不敬则昏。非心本昏也,天理为私欲所蔽也。理为欲蔽,则将以人欲为天理;以人欲为天理,则亦何所不至哉?

真悔过者,必有自怨自艾之心。外言悔过,而内无怨艾之心,非真悔过者也。

人伦皆天理,尽得天理,方无负于人伦。

敬为体,义为用。无敬以直内,必不能义以方外。若不能义以方外,恐其所谓直内者有未至也。

心寂然不动,才能感而遂通天下之故。若无事时,心中千头万绪,私欲纷扰,安能感而遂通天下之故乎?

薛文清公年既壮,专心性理之学,精思力践,言动必质诸书,一有不合,终夜不寐。窃谓其不寐,是自愧自愤之意,必期复于无过。若日间言行不能如书之所载,而中心安然无事,绝无惕厉愧耻之意,则今日既误,明日复误,何日始复于无过之地乎?

阅《邸钞》,见有考学正怀挟而得罪者,或曰:"考校官岂可怀挟?"余谓考校官而怀挟,欺人也。学问以戒欺为第一义,不惟考校官不可欺人,天下又何事而可以欺人耶?

有望道未见之心,然后有求道不已之心。若自以为见道,则必不肯求道矣。

立必为圣贤之志,去随俗习非之心。

存心行事,时时若有帝天之临、神明之鉴,心安敢忽,心安敢懈?

心一放,即是小人之无忌惮,岂可不惧?

欺伪与真实,是学者紧要关头。若不时时刻刻在此留神,则有无意欺人之语,即有有意欺人之语。至有意欺人,则善念日消,而恶将潜滋暗长于隐微之中矣。学者须先于此处加功。一事必求实,一语必求实。不惟对贤知人言不可不实,即对愚鲁人言亦不可不实;不惟对亲近人言不可不实,即对疏远人言亦不可不实。果能语语不欺,事事不欺,则省察克治,皆有真力,迁善改过,皆是实境,日用行习,自然大有进益。

行一事,即省察自己是真是伪;出一言,即省察自己是真是伪。时时省察,一毫不肯放过。其始尚觉勉强,习熟既久,自然无一言之不信,无一行之不信矣。人果能无一言之不信,无一行之不信,对人既无惭色,返己亦无愧怍,岂不浩然自得也哉!

时时刻责自己,则力行自勇。

闻他人言语欺人,觉惕然不安于心。非恶之也,恐其陷溺而不知返也。

语言文字虽不可略,然专于此着力,终是皮毛功夫。必也读语言文字,句句返之身心,见之行事,不徒作一场好话说过,方是切实为己之学。

身过易除,心过难除,若不于其难除者而力除之,譬如种下种子,将来必有发生之时。

尧、舜虽是性之,而其存心制行,实无一时不用功。尧之命舜曰:“允执其中。”舜之命禹曰:“人心惟危,道心惟微,惟精惟一,允执厥中。”观其分别理欲,专心持守正道,何等勤惕!若云“无待学力”,则误矣。

人皆有所不为不欲,本心之良也。迨私欲锢蔽,虽平日所不为不欲者,而亦为之欲之,则本心之良失矣。人惟于此审其理,倍其力,凡遇不为不欲之事,概用斩钉截铁之法,毫不顾恋,则私欲既除,本心可望渐复,故曰“如此而已矣”。

亲亲之仁,敬长之义,若非人之所固有,何以不学而能,不虑而知?若非达之天下而皆同,何以一人如是,人人如是?观此,则性之出于天而不系于人,可知矣。

孟子言:“良知良能,所以明性善也。”人知其善而扩充之,而知、能不可胜用矣。

人终日所为，皆是门面套习。若以理绳之，则可省者多矣。薛文清公曰"循理则事自简"，真扼要语。

天地生物，是顺其自然；吾人行事，亦当顺其自然。能顺其自然，则虽有事，若无事矣。

欺人语宜除，习惯语尤宜除。今人欺人之语，往往不知检点，随便说出，彼自以为无伤也。不知一语欺人，即为终身之玷，安可以习惯而易之乎？

一点不昧之良心，时时提起，善念自然日生，恶念自然日消。

敬则心聚，心聚则百事可成；不敬则心放，心放则百事尽废。

交友当以道义为主。若不论道义，而但取其易狎，未有不流于邪者。迨流于邪而始悔之，何如谨之于始之为愈乎？

朋友以敬相交，自能劝善规过。若把臂执袂，绝无敬意，安望其劝善规过乎？

人有求自谦读为"慊"。之心，方肯真实为善。徒从门面做功夫，终不济事。

夫子答门弟子问仁，语虽不同，皆有战战兢兢之意。可知欲为仁，当以敬为主。

朱子谓："整齐严肃便是敬，散乱不收敛是不敬。"自己忖验，终是散乱时多，收敛时少。须令整齐多于散乱，方有入处。

说话多则心中杂乱，心中杂乱则所说往往无叙，所谓伤烦则支也。人欲定心，须自简言语始。

刚与柔各有所宜，听言宜柔顺，力行宜刚勇。不柔顺则善言不能入，不刚勇则力行不能成。

理有经有权，权是经之变通、仍不失乎理处，故必守经方能达权。不守经而专达权，直权谋、术数之私耳，岂理中之权乎？

阅《吴康斋日录》，见贤人之心亦与常人同。惟其朝夕用功，所以至于贤人。

　　真心用功，无地无严师，无人非严师。若不真心用功，则有可敬之地，即有可不敬之地；见有可敬之人，即有可不敬之人，而心之懈弛者多矣。

　　见理既明，行之始无疑；养之不熟，发之必不当。

　　今人求知，只求博闻，并非为行起见，故知而不行。若为行起见，则方其求知之时，其心已与徒知者不同。不徒求知，则其知必真，真知则必行，不行仍是知之不真。为学者，曷于求知时先辨此心？

　　为做时文讲究书理，纵讲得极精，明得极透，只是为时文起见，非为力行起见，故知而不行。若当看书时，即细细体认，返到自己身上，看我能行不能行。能行，是吾知已至；不能行，则益求吾知。如此存心，自然知则必行。安有常常如此存心，及行事时忽然变计乎？

　　人常常思想，目下我是何等人，将来成何等人，自不得不汲汲前进。克念作圣，实由于此。若徇情任意，绝不向善处思想，虽平日智慧过人，而此心一放，便日趋于下愚矣。罔念作狂，可不惧哉！

　　圣狂之分，只在念不念之间。

　　虽用力操持，而心一纵即逝，主一之功，真属不易。文过者，其本心之明，原知自家有过，特恐人知其有过，故极力弥缝。究之，诚中形外，欲盖弥彰。人之视之者，不惟知其外见之迹，并知其心术之微，则何如乘其知过之明，力图改悔之为愈乎？

　　近人推尊某人《四书讲义》，恪遵朱子。余阅其书，多批评时文之语。是其遵朱，乃言做文当遵朱子，非言致知力行当遵朱子也。以朱子垂世立训之大法，而专以做文言，岂知朱子之心乎？

　　朱子注《四书》，是与后人垫下一条平坦大路，特人不肯由之以行耳。

　　朱子资禀既异，功夫又到，其注解《大学》《中庸》，仅以章句名之，盖以不明章句，必不能深悉其义理也。后之恃才者，谓读书当求大义，不必章解句释，即此便是心粗气浮，又安能深知大义之所在乎？

　　陶渊明读书不求甚解，是高士语，非学者语。

　　常人之心，无故自兴波澜，故忿懥、恐惧、好乐、忧患循环而生。至人心如止水，不惟无忿懥、恐惧、好乐、忧患之事不肯妄动，即有忿懥、恐惧、好乐、忧患之事，而亦不为所摇。学者必造到此，方是正心极功。

　　王少湖先生曰："学者须于人情所甚难处打得过，方是学问。若平日虽说得至，临时却打不过，则亦无贵乎学问矣。"今略举数端言之，如处大拂逆，无忿怒意；处大变故，无惊乱意；处大困穷，无忧闷意；处甚卑贱，见甚显达者，无沮丧意；处大纷杂、大烦劳，无厌恶意；处大贵显，当众人大崇敬，无自喜自满意；见甚微贱、甚相狎者，无轻亵意；处幽独之地，无自肆意；声色货利当前，无动心意。凡此皆是于人情所甚难处打得过也。余默自忖验，如前数端，多不能打过去；即或一时打过去，而过一时又不能打过去；此一事打过去，彼一事又不能打过去。总由涵养不深，克治不勇，故虽说得，及遇事却与常人无异也。以后须从性情上用涵养克治之功，不求一时打得过，要求时时打得过；不求一事打得过，要求事事打得过方好。

　　财在天理上用，不在人欲上用，便是用财得其正。或谓"修齐"章戒贱恶敖惰之辟，而《家人》卦何为以"嗃嗃"为吉？余谓"修齐"章戒贱恶之辟，明性情之正也；《家人》卦以"嗃嗃"为吉，救性情之偏也。盖门内之治，恩易掩义，义难胜恩，日望其严，尚易流于宽。若一任其宽，性情益偏矣。故用严以矫其偏，偏矫则性情正而家道齐矣。

　　人不惧上帝之鉴观，故纵心任意，无所不至。若知自心之灵明难欺，即是上帝鉴观，自然敬谨收敛，不敢一毫放逸。

　　因上帝之降鉴，以悚自己之心志，是慎独之法。

　　所为虽是善事，一有所为，便不能心逸日休。

　　或问："自己觉得有私欲，克之竟不能去，岂私欲竟不能克耶？"余按克者，胜也，以正而胜邪也。譬之剿贼，然我师万人而贼百人，可以一鼓成擒；若贼万人而我师仅百人，名号虽正，岂易胜方张之寇哉！人之克私欲，亦若是而已矣。

　　学以躬行为本。不能躬行，不得谓之好学，观孔子之称颜渊可见。

　　泾阳郭蒙泉先生郭诗曰："学道全凭敬作箴，须臾离敬道难寻。常从独木桥边过，惟愿无忘此际心。"此即曾子战战兢兢之意。人常以此存心，则近乎道矣。

　　悔过非难，改过为难；改过非难，改过而不再犯为难。胡康侯登科后，同年宴集，饮酒过量，是后终身不复醉。尝好（奕）〔弈〕棋，先令人责之，是后不复（奕）〔弈〕。为学官京师，同僚多劝之买妾，事既集，慨然叹曰："吾亲待养千里外，曾是以为急。"遽寝其议，亦终身不复买妾也。不惟能悔，且能改；不惟能改，既改且能不复犯。非大勇岂能与于斯！

　　"己欲立而立人，己欲达而达人"，仁也。"己所不欲，勿施于人"，恕也。强恕而行，求仁莫近。人能以不欲勿施存心，自造到立人、达人境地。

　　"老吾老以及人之老，幼吾幼以及人之幼"，推己及人也。尊高年所以长其长，慈孤弱所以幼其幼，视人犹己也。人欲求视人犹己之仁，当先行推己及人之恕。能常存推己及人之恕，自渐臻视人犹己之仁矣。

　　后汉仇览为蒲亭长，能化陈元不孝，使归于孝。今有不孝者，余闻之，虽怒于心，而不能化其不孝，使归于孝，有愧仇览多矣。

　　流俗心不去，终不能近乎道。

　　劝人而人不动，是己德未至，当自责而不可责人。自责者有余味，责人者无实功。

　　修其天爵，而人爵从之，此真修天爵者。若修其天爵以要人爵，不过假饰行谊，以图进取。即其修之之时，其心已不堪问，遑问其既得之后耶？

　　古人闻誉而惧，此意最善。不独誉我太过可惧，即名称其实，亦当有惶惶然不敢自安之意，盖进修无自足之理也。

前人谓人心为风俗之本,风俗为气运之本。今日气运衰敝极矣,欲挽气运,当先美风俗;欲美风俗,当先正人心。

吾父母已没,孝无由尽,惟努力为善,贻父母以令名,不贻父母以羞辱,是即报吾父母于九原也。

利不必财货,凡便于己处皆利也。此须默自省察,方能知得。若专以自便为心,则计利忘义,吾末如之何矣。

"利"训"通",通于己,兼通于人,始为利。若通于己而不通于人,己岂能独享其利哉?

古道不行于流俗,稍一持正,人便骇而怪之。有心世道者,须以保全善类为心。

天久雨而忽晴,虽犹是山川草木,而气象一新;人恒过而忽改,虽犹是衣冠言动,而行为一新。

明道谓:"新政之成,亦是吾党争之太过。成就今日之事,涂炭天下,须两分其过。"吾辈存此心以待人可也,若自己有过,正宜自愧自责,力求改悔,岂可谓是他人激成,与之两分其过乎?

以天地万物为一体,自能与民同好恶而不专其利。

祈州刁蒙吉先生谨于言行,尝曰:"吾日三省吾身,心无乃有妄念? 言无乃有妄发? 事无乃有妄为乎?"师曾子之意而不袭其迹,斯谓善学曾子。

天下事只求办得了,彼为与我为,原是一般;何必逞己之才,功自己出? 彼欲功自己出者,皆不能视人犹己者也。

唐太宗得良弓十数,以示弓工,工曰:"皆非良材。"问其故,曰:"本心不直,则脉理皆邪,弓虽挺而发矢不直。"愚按弓工之言,虽是论弓,实足为吾人存心行事之验。吾人心若正直,则所发自然正直;若本心不直,则私欲填胸,其见于外者,安望有一事之直耶?

孝感熊文端公谓:"天下无可忽之人,世间无可忽之事,此生无可忽之言。"人能知其不可忽,而时时以此存心,则渐近于圣贤之徒矣。

行满天下无怨恶,是自己无可怨恶之道,非敢谓天下必无怨恶之人也。若己无可怨恶，而人以私意怨恶之，虽怨恶，庸何伤？

禹急于闻善，故闻善言则拜。若无急于闻善之心，善言虽入于耳，且将漠然置之，安望其闻之而拜乎？

读书不切己体察，便是玩物丧志。

今之所称为能文者，大抵致饰于外，务以悦人者也。人以悦人为心，人欲安得不肆？天理安得不亡？

礼之敬，乐之和，皆本于心之德。若本心之德已亡，则敬、和皆是致饰于外，虽行礼乐，其如礼乐何哉？

欲复本体，先除妄念。心有一毫妄念，则本体必为遮蔽。

明于庶物，察于人伦，物格知至也。由仁义行，则意诚心正而身修矣。

有性而后有情，情不本于性，则情非其情矣。

才本于德，方是有用之才。若有才而无德，则才之所见，皆徇欲之事，虽有才，曷足贵乎？

人为私欲缠缚，故所禀之才，不能展布。若克去私欲，按理而行，自然宽绰有余，又何才之不能展布乎？

舍己从人，最是难事。稍有一毫私欲，断不能舍己从人也。

自己静中省察，看有多少过失，安得不内自讼？

平日心中真看自己有过，朋友会晤之时，真望朋友规我之过，自然闻过而喜。若平日有过，惟恐人知，则朋友一规便怒，谓其扬己之短也，欲其改也得乎？

善省过之人，闻朋友说旁人过失，便默省己有此过否，有则痛自刻责，立地改悔，闻言而悟，有触斯深，岂必待指摘及我而始改乎？

不知学中滋味，则学是苦的，既知则乐矣。

与朋友相约规过，而朋友不肯进言，非友之不规过，乃己之不喜闻过也。己果真心求闻过，友自必尽言无隐。盖友之规戒与否，全视乎己之求与不求耳。

《论语》开口说一"学"字，所以示人为学之道也。皇侃《论语疏》

乃谓："学，觉也，悟也。用先王之道，导人性情，使自觉悟。"如此则是教学之道，非为学之道也，失孔子之意矣。

《论语》"学"字，古注专属知，朱子《集注》兼知行言，其义较古注为备。

为学数十年，不能尽"学而时习之"一句，真属可愧。

"学而时习之"，"明明德"也。"有朋自远方来"，"新民"也。"人不知而不愠"，则"止于至善"矣。《论语》《大学》，其义一也。

朱子曰："《学而》篇皆是先言自修，而后亲师取友。"盖人必有自修之心，而后亲师取友，方为有益。若无自修之心，虽明师在上，益友在旁，岂能有毫末之助乎？

"存其心，养其性"，即是顾误天之明命。

天命人以心，原欲其操而不舍；天命人以性，原欲其顺而不害。人果能操而不舍，顺而不害，则是于天之所命者奉承不违，故曰"所以事天也"。

日用云为，语默动静，事事依理而行，便是养性。若任意而行，则逆乎理，即害乎性矣，岂养之之道乎？

"言忠信，行笃敬"，是养性功夫。

天生一人，即予之以具众理、应万事之心。人有是心，自可以具众理、应万事。故曰："万物皆备于我。"

"效先觉之所为"，"为"字原兼致知、力行言。盖效先觉之致知以致知，则善可明；效先觉之力行以力行，则初可复。善明初复，而后觉亦如先觉矣。

学然后觉，常学常觉，不学不觉。自以为一觉便了者，异端之学也。

常有歉然不自足之心，人不知，自然不愠。若有自满之意，则人不知而愠生矣。

言、色皆由心而发。言诚实，色温和，其心之存可知矣；言巧好，色令善，其心之不存可知矣。

有德者必有才，有德无才，还是德小。

有德则遇事有真心，有真心则才自充。若无德则遇事无真心，无真心虽有才，不过从虚文套习起见，安能充其才乎？

有一分人欲，即少一分天理。巧言令色，则心中全是人欲，无一点天理了，安得有仁？

善听言者，虽中人之言，皆可取益；不善听言，虽贤人之言，亦无能为助。何也？以己心先不在也。

门人赴友人之约，余戒之曰：今日前往，所与者多是流俗之人。然彼虽是流俗之人，我却以道义处之，一句流俗话勿说，一点流俗心勿存。彼若以流俗之言相加，我惟持正以应，人见我持正，则亦不敢以流俗待之矣。甚勿曲意相徇，致蹈于流俗之中而不悟也。

一个"忠"做出千百个"恕"，千百个"恕"皆本于一个"忠"。一以贯万，理正如此。

"文胜质则史。"《集注》云："史，掌文书。"《四书述朱》云："史，如今衙门书办一般，不必作史官说。"愚谓即作史官说亦不妨。盖春秋之世，南、董不少概见，史官记事，铺陈形容，往往文过于质。世之习威仪而少诚实者，正是如此。则作史官言，似无不可也。

内存乎忠信，而未能外饰以威仪，非质果胜也，以文不足，故云质胜文也；外饰乎威仪，而未能内存乎忠信，非文果胜也，以质不足，故云文胜质也。质胜文而济之以文，则文与质称；文胜质而急返乎质，则质与文称。损补之间，此中正有学力在。

文质彬彬，指成德者言，未言其用功若何。《集注》补出"损有余，补不足"二句，而义犹未畅。《四书精言》曰："日用动静间，才一质胜，便损质以补文；才一文胜，便损文以补质。事事酌量，时时矫揉，务要恰好停当，不使一毫偏倚。到得久久纯熟，从容曲中，便不消如此费力。"指示用功之方，最为亲切。学者能如此用力，自渐臻彬彬地位。

《集注》"损有余，补不足"兼质、文二者言。新安陈氏专作"损文补质"言，误矣。

读"罔之生也幸而免",安敢一刻不顺理以行。

心有主宰,则高之不沦于空寂,卑之不陷于昏塞。

"天生蒸民,有物有则",原是自然的,故循其自然者便是道。

道有自然,有当然。率性而行,则当然即在自然之中。

岁在乙巳,源生寄任薬生司训书论国家以四书文取士,原以言《四书》之言者,必能本《四书》以为行,非但欲多士之能文也。今阅侯官谢退谷《教谕语》,其说与鄙见合,因录之以为世告。其言曰:

"国家以制艺取士,必于四子书命题。盖以士通是书,则其人必贤且才,必可用故也。然则读《四书》者,当思其所以读之故;为制艺者,当思其所以为之故。而非可以苟逐时趋,曲徇世好,等于儿戏之为已也。"又曰:"为制艺者,宜先专力于《四书》。然《四书》之旨,非身体力行,则其说必不能精。此文行一本之说。故为秀才者,必以读《四书》为第一义,而读《四书》必以身体力行为主。"

九月二十三日,晨起供先母饭,自讼己过。凡气质之偏,私欲之累,俱历历心目中,既自知之,安可蹈之?变化克治,不容一息缓矣。

遇事不度理,但思于自己便否,便是自私而用智。

心不妄动,动便在天理上,方谓真静。若有一毫私欲,便是妄动,便不能静矣。

为一事,心在此一事,忽有他念搀入,虽非恶念,亦见心不专一,不专一便是不敬。

九月二十六日午后,训戒门人,微有怒意。闻恶□当怒,能以和平出之,方见正心之功。

九月二十七日,睡梦中有与人争斗之意,非日阅心未和平,何以有此?宜力加涵养之功。

遇不如意事,说话有急意,便非中节之和。

每日从独知之地检点,心中未尝不欲向好处做,及发之于外却不是第一义。或心中真欲做第一义,而为人牵连,不能自主,总缘真实不至,故做不足色。以后当严密纠绳,不可一毫放过也。

心中真欲做第一义，或恐为人牵连，不能自主，则必默运筹于先，使不为人所牵连，方是真实心发见。

每日静时少，动时多，静中觉养得少好，及物来感触，往往不能自主，总是涵养义理之功未到。以后动静均宜存心顺理，不可一时忽略。

心中自忖：穷理之功，无一事能极其至者。不能极其至，即不能知至善之所在。纵能讲论文义，亦虚语耳。

每日读《大学》，必有所见，即书于册，原欲鞭策自己见于行事。细自忖验，虽已书于册，见于行者终少；不见于行，仍是知之不真。以后须从真知上用功，不可但理会文义而已。

欺人之语虽少，而细忖好善恶恶之心，有时求快足于己，有时非求快足于己。不求快足于己，便是为人起见。为人起见，则自欺矣。以后须从动念发意，时默自检点，细自察勘，稍有为人之念，即除去之，务求自快自足，庶有进步。

说话有求人称好之心，即是徇外为人，即是自欺，须除去此等念头始得。

虑事而心中游移，只为见理不明。若真知理之所在，以理断置之，何游移之有？

悠柔委靡，皆因意不诚。

魏庄渠曰："学者只因诚意一关难透，故包羞忍耻一生。"余默自思量，言行可羞耻者多矣，安可不立志求过此关，以免羞耻乎？

约其情，则七情得中；纵其情，则七情不得中。得中不得中，只在敬肆之间耳，安可不时时于敬上加功？

余平日七情之不得其正者，惟忿懥、恐惧为多。今欲克治，宜先从忿懥、恐惧上加功。克己以治怒，明理以治惧。

十二月十五日，追忆往事有怒意，事已过去，即宜放下。追而忆之，是谓留往。忆往且有怒意，则当面触忤必怒，可知矣。若不惩治，必至燎原。

以书证之于事，以事证之于书，间有贯通处。

时时以诚存心，时时以欺为戒，总未到自慊地位。

《四书反身录》中有"一念之萌，上帝临汝；一念之非，难逃天鉴"数语，余最爱之。每一默诵，便觉心中平静，私欲渐少。

先母平日忧勤惕厉，时时训戒源生。今家母没，源生无所禀承，虽欲向好处做，而不如我母在日多矣。言念及此，感伤奚如！

利欲心须斩断，若听其滋蔓，则本来之灵明必为所掩。

常存敬畏之心，力克逸乐之念。此卷自咸丰三年十月起，至十二月止。

卷　六

许白云先生有《自省编》，昼之所为，夜必书之，其不可书者，则不为也。必如此严密，方为有益。若于不可书者而为之，或为之而不书，则非自省之道矣。

家务不能不虑，然一着心便是忧贫，须令勿有所系缚始得。

正月初四日辰刻，有计较多寡心。窃以此等心肠，是平日俗情渐染已深，有触即发，非痛自涤洗，安能一无系累？

一日之间，流俗心多，道义心少，须使道义心胜其流俗心始得。

即见在所居之位，看理上当如何做，便做去，又何必思前虑后，以扰我心乎？

人子在父母膝下，左右奉侍，融融泄泄，其乐有难以名状者。无父母可事，则欲求此乐而不得矣。言之痛心，念之疾首。

事来以正应之，事已过去，即宜放下。若留在心胸，刻刻不忘，是亦明道先生之长梁也。

正言以从容出之，则言出而人易从。若太激烈，恐有拂戾处。

忆及旧事，有争胜心，又有计较多寡心。可见平日虽言克治，而私欲根深蒂固，仍潜伏于隐微之中，一有触动，即便发觉，不可不慎之又慎也。

正月十一日，训家人曰："吾母生平爱惜物力，虽片纸废绳，不肯抛弃。今吾母已没，正宜力持节俭，不可稍事暴殄也。"

吾母之卒，于今一年有余。因事思慕，虽衣服饮食、起居容貌，宛然在心目中，而欲一闻其呼唤之音，则不可得。想像生平，徒深哀悼，书以志恨。

私欲多出于习惯，其初不知为欲也，迨知而欲去之，则习惯已成而不能去矣。为学者安可不慎之于始？

事不合意，即发忿语，器量褊浅，何以作事？专在此处惩治，方是对症之药。

有好善心而私欲间之，此是好善不笃；有去恶心而姑且放过，此是去恶不实。不笃不实，如何透过诚意关？

性情不好，则所发者不能事事当理。不能事事当理，如何化得人？

时时以平恕存心，不可有刻薄意。

想到"平恕"二字，贪妄心不制自下。

每日供先母饭，心一凝聚，先母便如在其上；一思他事，便不能如在其上。可见先人灵爽之有无，全在己心之诚与不诚。

正月二十六日午前后，屡次客来，心未厌烦，惟说及世事，颇有周旋之意。固是恐己有疏漏，究其实只是脚根不定。人若脚根不定，则亦何所不至哉！

过事少有迁就之意，便是意不诚。而其所以迁就者，只为便于己私。今欲诚意，须克去便己心始得。

半月以来，因买故书，考其全缺，谐其价值，心为所扰。事已过去，往往追忆于心。可见心无一事之境，真不易造。

亲爱贱恶，一有所辟，则见于事者，必不得其平。余默自忖验，虽不敢肆然无忌，而偏心总不能不动。此须时时省察，觉得有偏，即克去之，庶免愆尤之丛集乎。

闻人说不如意事便动气，此最不是。人所说不如己意，须平心观其理之是非。即所说果非，尚宜从容以应之，况未必全非乎？

一日之间，应酬太多。心为事动，不能平静。有事不能平静，可见无事之平静，亦非真静。必静如是，动亦如是，方为动静合一。

言太易则意不诚，故夫子以切言为为仁之功。

省察不密，克治不勇。虽日日说为学，皆空言也。

时时以偏为戒,尚未能中。若任意而行,则狂妄自是莫知所底止矣。

元许白云从学于金仁山,仁山曰:"士为学如五味之和,醯盐既加,则酸咸顿异。子来见我已三月,而犹夫人也,岂吾之学无以感发于子耶?"可见古人为学,必日异而月不同,方为有进。若今日如是,明日亦如是;今月如是,明月亦如是;终岁无进机,将必终身无进机,岂不深可惧哉!

终日计较利害,计较多寡,计较胜负,全是一团私意固结。须将此等意思除净,本心方能出来。

三月初十日,门人屡次来见,皆勖以立志读书,不可存诡遇之心。诡遇而得,不若安分守己而不得也。

周,普遍也,有万物一体意。今人私意满胸,骨肉之亲尚有隔碍,安望其于世人普遍而无不爱乎?

三月十四日早饭后,出外少游片刻,林生随行。心中因思虑旧事,私欲忽生,可见一时放下,人欲即可横流,所谓"人心惟危"也。欲持此危,惟战战兢兢而后可。

灯下对客,有讥人之言。人有不善,可教者挽回之,不可教者悯惜之,似不可讥之以取快也。书以志过。

三月十五日午前,客来,其人现居母丧,而其子入庠,乡人欲其开贺,来问可否。余答以居丧大事,断不可开贺。且母不在而子入庠,斯时也,方哀痛之不暇,而忍言贺乎?

计较利害,计较曲直,计较胜负,虽未见之于事,终不能不发于心。一发于心,即难保不见于事。人心惟危,须刻刻省察克治始得。

守身保身,当以战战兢兢为主,不可一时松懈。

凡事从容,不可着急,急则心先扰乱,安能应事得宜?然亦需缓不得,盖不失之此,即失之之彼。①

---

①　此处原书为草书批注,与其余小字不同,特此说明。

"悔"字虽是善机,然与其悔之于后,何如慎之于前?果能慎行,自然寡悔。

人行事偶误,知而即改,所谓不远之复,无(祇)[祗]悔也。若既知其误,旋又蹈之,终迷不复,其凶也不待言矣。

表里不如一,便是欺。此根入人最深,须用力拔去之。

人之欺人,一由于习染,一由于便己。去此二者,欺人之事自除。

日间所为之事,有甚乐为者,有不乐为者。然虽非心之所乐为,果为己之所当为者,即宜安心为之,不可有厌烦之意也。

子弟少时不可纵容,一纵容则长时难以管束矣。

妄心较邪心尤难治。邪心可以义理胜之,妄心则自以为义理,仔细省察,乃妄心,非义理也。人须辨别此心,方可言学。

心中一有所系,则事事不得其平。须廓然大公,一无偏系,则事之至吾前者,庶乎其无差矣。

有习惯心,作事便不敬;有计较心,待人便不厚。

私心是私事之根,苟不除去,必致发见于外。

四月十一日批课卷,佳者太少,颇有厌心。继而思之,文不佳是己教之不至,当生愧心,不可生厌心也。

惩治私欲,涤洗邪念,时时如此,过恶庶几消灭。

默自省察,终是私欲多。若不痛自扫除,何以为人?

以热肠待人,以婆心劝人。人虽不能尽从,而此心终不能已,惟此正宜自勉耳。

欲掩己过,则必自欺;欲免自欺,须从不护过始。

午刻,在家中有欺人之言一次。既而自省,非欺人也,盖习惯也。习惯是心不存,能时时存心,则进于诚矣。

心倚于一偏,滞于一隅,常常有之。倚于一偏则不公,滞于一隅则不灵。不公则私意浸长,不灵则暗塞必多。其病痛似小,而所系甚大,须克去此等病痛,真性方能发见。

终日教人,而自己照管不好,是所谓躬自薄而厚责于人。须先照管好自己,然后推以及人,方是尽性之学。

高景逸先生说:"收敛身心,以主于一。"有"收敛身心"四字,则主一自有着落。

涵养未到,一言语便有不中节处,一举动便有不中礼处,不必到造次颠沛始露败缺也。

天大事以平常处之,便是中庸之道。

心窄狭则不能容物,而心为物累;心宽平则能容物,而心与物融。

心之所存者未密,则见于事为之间多疏。故欲治事者,必先治心。

吕新吾先生曰:"不存心,看不出自己不是。"余近日省察,见得日日有过失,时时有过失。既已知之,便宜刻意改悔。倘任其有过而不刻意改悔,将积过成恶,而为不肖之归矣。

择之精而后守之当,故先说"惟精",次说"惟一"。若不择而守,恐其所守者未必是中庸之道也。

习染已深,本心最难发见。然总有一点不容昧处,触之即动。善学者由此不昧处扩充去,自有向上之机。

言语徇人,便是失其本心。观孔子、孟子告君、大夫者,无一语不直,即可见自己言语徇人之失矣。

对正人说正话,即对不正之人也要说正话。盖不正在人,己不可因之不正也。若对不正之人,便徇其意而言,则是人不正,而己亦因之不正矣。

人心惟危,要极力持守;道心惟微,要用力扩充。

不必怨心之难存,只是操之功疏。

吕新吾先生曰:"每日检点,要见这念头自德性上发出、自气质上发出、自习识上发出、自物欲上发出。"余默自检点,念头虽在德性上发出者间亦有之,终不敌自习识、物欲上发出者为多,安可不痛自克治也?

五月十四日,余祭先君墓,子女牵衣愿往。余告之曰:"今日为我父告终之日，今往祭墓，所以尽我之哀诚也。汝等随吾前往，宜识吾之意。若云借以游观，则大不可。"

齐家之道，即不能齐其心，亦当齐其迹。若并其迹不能齐，则人各任意，将必无所不至矣。

齐家之道，以格心为要。然格心非旦夕所能期，不如先齐其迹。果能齐其迹，则一家之人恪守规矩，而格心亦在其中矣。

闻世事不好，初甚忧惧。继而思之，自己果于道理无愧，虽事变当前，尚无所用其忧惧，况事变未至吾前乎？思至此，渐觉心中宽平矣。

有客来见，余以直言相劝。客极力辨论，余即止而不言。盖自以为是者，即不可尽言也。然客实有才，仅能事事以理出之，岂不甚善？惜乎愎，谏而不悟也。

闲中自省，惟恐存不可告人之心，惟恐行不可告人之事，惟恐说不可告人之话。常常如此，庶几鲜矣。

古名贤多有日记。《明儒学案·胡敬斋传》曰："先生严毅清苦，左绳右矩，每日必立课程，详书得失以自考。"余令学者书日程，意盖如此。

人心戒慎恐惧便是操，任他自由便是舍。

只用戒慎恐惧，不必遏绝思虑，而思虑自无妄矣。

满盛太过，虽天地且不能善其后，而况人乎？

人心妄动皆是欲，无欲则不妄动矣。

五月二十四日，夜间多梦，晨起太迟。因思管幼安一朝科头，三晨晏起，尚因渡海遇风，引以自责。今吾不胜怠惰之气，一月之中数次晏起，其当自责为何如？

道无物不有，故无一物可忽；无时不然，故无一时可忽。

心存则片言必谨，跬步不苟，不存者反是。

人有事求救于我，自宜为之谋画。然救人而不失己，救之可也。若未救人先失己，即能救人，已属得不偿失，况未必能救乎？

谷种坏则生意绝，人心坏则本性亡。

处至险之地，而以平心应之，虽江海亦属坦途；处至平之地，而以险心应之，虽家庭亦属危境。

反已则人服，责人则人不服。

人有过，不得已而责之，能有悯怜恻怛之意，则人从之也易。若以揭扬为心，则不惟不从，而且怒之矣。

读圣贤书，爱不忍舍，便能真得其益。若泛泛读去，则与不读奚以异？

薛文清公云：“心中无一物，其大浩然无涯。若心多物欲，则狭小矣。”

沉静则方寸凝聚，而应事有准；浮躁则中怀散漫，而应事无方。何则？敬与肆之异也。

君子食无求饱，居无求安，敏于事而慎于言。盖能专心于道义，始不暇萦情于物欲。若不专心于道义，则物欲之事必纷然而起，欲其无求安饱也难矣。

仁者以天地万物为一体，是无一毫间隔。

中虚无物，则气象清明，义理昭著。蔽塞者反是。

敬则中虚，无物以蔽之也；敬则中实，有理以主之也。

因人之扰扰而心动者，理不足也，理足则心不动矣。

静中涵养，所以存理；动中省察，所以遏欲。

行不著，习不察，则其所行习者，仪文耳，套习耳。若能真知，自与此不同。

余苦闲思杂虑，而未知何法以治之。读《居业录》，得戒慎恐惧之说焉。读高忠宪公《静坐说》，得收敛身心以主于一之说焉。依其说行之，甚觉得力，但时常间断，继续良不易耳。

门人来见，即其近日过失，尽言规劝。规其已往，所以戒其将来，亦性分之所不容已也。若以攻讦为心，则非君子之道矣。

余最爱薛文清公“心不妄想，一心皆天理；身不妄动，一身皆天理;事不妄为,事事皆天理"数语。必造到此等境界,于心始安。

能敬,虽当多事之时,而心常有主;不能敬,虽当无事之时,而心亦若存若亡。人安可不主敬以立其本哉?

当急遽之时,而从容以应之,非中有主者不能。

六月初三日巳刻,自家中行至西院,私心微动,以天理正之,私念顿止。午刻在书室,心中湛然,无一点私欲之萌。窃意虚灵不昧景象,不过如此。倘能常常继续,则明德可望复明矣。

一念不出于天理,勿存也;一事不合于天理,勿行也。朝夕以此自持,庶几其有进乎!

有触即动,只是器小,若器大则能容受矣。余器量褊浅,书此以自励。

闻人议己,当返己自思。其所议是也,吾改之;其所议非也,吾益励吾德,益砥吾行,必使无一毫瑕疵而后已。如此,则外人谤毁,实足为吾人进修之助,虽遭谤何害?

言宜适当,其可多说一句,便可羞愧。

好善恶恶,时时以此自力,自不落乡愿行径。

会课日谓同人曰:"会日言语,以劝善规过、质疑辨难为主,不可泛说闲话。昔孟云浦先生于川上会讲,友朋序坐,有交首私语者,云浦曰:'吾侪十日才一聚,果有疑惑,即明举出,大家商量。不然,但澄心默坐亦可。若区区私怀及寻常泛泛事情,不宜漫及。不然,是今日反讲了一场闲话也。'观云浦之所戒者,可见言有攸当,不宜泛及。诸君宜体此意,勿犯古人之所戒也。"

新安布衣郭梅山,名士悫,凤嗜酒,一饮数斗,类河朔大侠。自谒孟云浦先生,与川上讲会,绝酒不饮。王惺所撰《梅山墓表》言,自见云浦师后,绝酒不饮。《张抱初印正稿》言,梅山见尤西川后,滴酒不入唇。余按梅山本云浦弟子,云浦引而进之西川,其戒酒在谒云浦后,不待见西川也。读书讲学,垂老不倦,上台以隐居好学旌之。寝疾,医用药以酒为引,梅山曰:"吾戒数十年,未尝沾唇,岂敢偷片时之生,顿易所守乎?苟得正而毙焉，快也。"竟不饮。梅山改过不吝，且能持之终身，其一段刚毅之气，足为学者法。因书之以为吾党告。

人有过，宜自知而自改之，《易》所谓"不远之复"也。若待人指摘而后改，则指摘所及而能改，指摘所不及而即不改矣，岂急于自新之道乎？

以天地之量为量，则斯世无不可容之人。

常存天理之公，除去计较之私，则近乎道矣。

量大能受，器小易盈。

外貌端庄整齐，中心戒慎恐惧。内外交养，为学之要道也。

六月十二日，饭后出门闲步，偶临深渊之侧，心甚恐惧。人常如此存心，自无差失之虞矣。

刻刻存心，事事循理，自修之要道也。

心不存则行事错乱，可见存心为行事之本。

人心惟危，不知其放而忽放；道心惟微，常欲其存而未必存。

遇可怒之事，而以和平出之，则发皆当理。若以不平之心出之，必致有过火之处。

常常因事察理，虽未能洞澈无遗，亦间有见到处。

非必言行不相顾，始为自欺。即所行之事，心中有一毫不自慊；所存之心，有一点不可告人，是即自欺之难免也。以此自考，己岂能免乎自欺耶？

免外见之尤悔易，免心中之妄念难。必专一于敬，使此心光明洞澈，常无一事，方是心正境界。

存心是求仁之方，心不存便是不仁。

虽有恶人，(齐)［斋］戒沐浴，则可以祀上帝。只是他不(齐)［斋］戒沐浴，则无如之何。

先儒谓日用行习，皆在觉体中，此意最善。然欲其觉，必先主敬，若不主敬，则心中杂乱昏塞，安能在觉体中乎？

平日读书，讲明义理，是格物。事至面前，讲究当如何行，亦是格物。使平日讲明，及事至物来，却不讲明，或致有疏略不妥之处。故遇此事，即讲究此事，尤格物不可少之功。

心一提起，即必欲依道理行；心一放下，即生委曲迁就之意。欲使意诚，须令提起之时多于放下之时，以渐臻于终日钦凛，绝无懈弛之域，则得矣。

心沉静下去，方有入处，轻浮者安能有进？

去轻浮之心，敦厚重之气。

心中昏塞之气，以学开之；心中浮躁之气，以理制之；心中疑惑之私，以义（栽）〔裁〕之。

人心真明，自知学不能已，其忽作忽辍者，皆明有蔽也。

专从外面做工夫，安能有心得？

一存戒慎恐惧之心，事到面前，便不猛浪。

会课日，谓同人曰："心一不存，则语默动静之间，必有病痛发露于外，须密自省察。"又曰："人不知向好处学，无论矣。即知向好处学，而悠忽度日，不能发愤自强，恐亦终归无济。"又曰："诸君行事，宜以日新为法。若前日会讲是如此人，此会又只是如此人，便是不曾自新。"

精神易困，宜振之于未困之先。若迨其既困而振之，则无及矣。私欲易动，宜制之于未动之始。若迨其既动而制之，则无及矣。

平日闲思杂虑，皆迎来留往之思也。能主一，则迎来留往之思自少。

鼓舞精神，激励志气，不肯一时自安，不肯一事少怠。

存天理之本然，遏人欲于将萌。二者之功，缺一不可。

俗人不必避，俗事不可为。

临财而喜，便是重利轻义，不必沉溺于财货之中，然后为重利轻义也。

得遂所求而喜，不得所求而怒，皆足为神明之累。惟心中淡然无欲，事到面前，依道理分限应之，不以得失为欣戚，方是正心境界。

居敬是必有事，行简是行所无事。

教育人材，足以弥纶天地之憾。

诲人而人不听，己德薄也，德修则人信而服之矣。

孔子能使民无讼而已，不能化同人。非同人之难化，实己德之未至也。思至此，惟有抱愧而已，敢责人乎？

不辨邪正，而惟亲近习熟之人。其人而正也固善，其人而邪也将为害不浅矣。

义命信得及，庶可免愿外之心。

人于安乐之时，即能战兢小心，以防忧患之来，忧患庶乎可免。若于安乐之时，益求安乐，则忧患将接踵而至矣。

正直之人，其言逆耳，然听之可益我之德；邪柔之人，其言顺耳，然听之可以损我之志。人安可不辨之于早？

终日之间，不看格言正论，即接贤师益友。如此薰陶范围，庶几有进。

人皆困苦，己独安乐，宜推所有以及人。若私其所有，而欲独享安乐，便非万物一体之道矣。

贫者守其志，富者广其惠，则贫富各安其分而不相怨矣。

今人一讲书，便说到时文上，所谓熟处难忘也。

虽知向善处行，而较之饥欲食、渴欲饮之心，终逊一筹。

不能诚意，只为独知之地，无人纠绳，自己又多宽恕之意，所以欺意日纵月长，诚意日消月磨。倘不力加矫变，窃恐流于小人之归矣。

敬非难，敬而无间断最难。一有间断，则闲思杂虑上心，而整齐严肃之意少矣。今欲正心，须令敬无间断始得。

有万物一体之心，方能做出禹、稷事业。若见人颠连困苦，与己无干，则仁心未充，安能有功业及人？见困苦者生怜悯心，人人皆有，但不能扩而充之，则亦旋生而旋灭耳。

始进不必太锐，却要常常如此。《易·恒》之辞曰："日月得天而能久照，四时变化而能久成。"知日月四时之运，即知吾人用力之法矣。

人不取法圣贤，而以流俗自待。有此心思，便难救药。刘念台先生曰："吾自幼有不甘流俗之志，由此扩充，所以终成伟人。"

凡晏安傲惰名利之私，须尽力克治，不留丝毫于胸中方好。若去泰去甚，则根株未除，日久必有复发之势。

身者，亲所遗也。辱其身，斯辱其亲矣。

所行不合道理，便是辱身。不必身为贱役，始为辱身也。

勤修一己之职业，敬守先人之遗体，兢兢业业，无一时敢怠，斯之谓修身。

刘忠宣公曰："此日虚度一可惜。"惜日，则自不得闲。

张杨园先生曰："人之病痛，不出五闲，谓闲思虑、闲言语、闲出入、闲涉猎及与闲事也。"余默自循省，"闲出入""闲涉猎"及"与闲事"，此病尚不甚犯，而"闲思虑""闲言语"犯者不少。若能并此而除之，则身心皆用于正，而无虚度之患矣。

子变来，谓之曰："古人佩玉，欲其战兢恐惧以范身也。今皆无之，惟宜常存畏敬之心耳。"

七月十六日会课，余令诸生讲"绵蛮黄鸟"节，意多不明。余谓之曰："知止不必远求，面前事皆有当止之道。如诸生今日会课，宜求益于学问，不宜分心于名利。诸生之来，若是求益于学问，便是知其所止；若是分心于名利，便是不知所止。知所止，则无愧为人之道；不知所止，虽名为人，其实不如鸟矣。吾人自思，可以人而不如鸟乎？"

有为轻薄之词者，或规之曰："轻薄之言不可说。"余谓欲不说薄话，先勿存薄心，心所存者厚，言自不薄矣。

余手执眼镜，恐其堕地。此际之心，即战战兢兢之心。人临事能如此存心，则事无失矣。

唤起真心，截断妄念，常常服膺斯语，可以入德矣。

欲唤起真心，须先截断习心。然习心最难断，必常常省察。知其为习心，然后可断；若不知其为习心，则憧憧往来，朋从尔思，欲唤起真心也得乎？

"省察"二字，一日十二时俱少不得。

见一善事，当为者即为之，不可等待；见有不善，不当为即不为，不可留恋。等待者，迁善之不勇也；留恋者，改过之不力也。

人只一心，思其所当思，则不思其所不当思。若思其所不当思，则必于当思者而置之矣。人只一身，为其所当为，则不为其所不当为。若为其所不当为，则必于当为者而置之矣。当不当之间，正宜辨别，不可漫然混过也。

君子常见得自己没一点好处，非无好处也，其自责者厚也；君子常见得世人没一点不好处，非无不好处也，其责人者薄也。

至平至易之事，皆有至善之则。循其则便是合道，背其则便是违道，人安可以平易忽之？

午间改门人《矫轻警惰说》，灯下令其阅看，且属之曰："《中庸》说言顾行，今汝所作之文，即汝之所言也。汝言'轻惰当戒'，汝断不可复蹈；汝言'敬慎当勉'，汝必极力去学。有此言，即求力践其言，方是为己之学。"

人当怒气发时，只见得理当怒，势不容不怒。及事后追思，尽可不怒。不怒而委曲调停，其事更妥。人亦何苦多此一怒哉！

世人无怒者多委靡颓堕，而有怒者又往往发之太暴。须是有志气而又不失于激烈，方是中节气象。

每日之间，追念旧事之时甚多。其所以多，则因戒慎恐惧之心少也。一戒慎恐惧，则闲思无由而生矣。自七月二十六日以后，用唤起真心、截断习心之法。然习心已久，往往发于不自知，故先用省察。省察既得，然后截断，似觉有效。但持之不密，仍不见常常平静耳。

心地未能打扫干净，事物一来，便触动旧习。故虽甚恶妄念之发，而仍不能免。

事物之来，应之少有委曲，则人必有不服之处，人安可不自慎？

此卷自咸丰四年正月起，至七月止。

卷　七

为人各安本业，勿生外慕。一有外慕，则本业荒而外患起矣。

人与不善人交，当前以为无伤，日后必受其累。然此犹以利害言也。若以道义论交，一日便有一日之损，安得云无伤乎？

凡事只宜尽乎理之所当为，不可有纳交邀誉之心。一有纳交邀誉之心，则于理之所当为，必有不能尽者矣。

与人交财，断不可升斗必较，尺寸必量。盖事欲尽道，惟吃亏为第一义。

伦常骨肉之间，当自尽其道，不可计较是非，评论厚薄。一有计较评论之心，则于所当尽者，必不能尽。盖道者，天理也；计较评论之心，人欲也。天理而以人欲杂之，所发必有不能当理者矣。

人无可尤而尤人，固不是；人有可尤而尤人，亦不是。何也？有尤人之心，则必无反己之心也。若情谊关切，或婉论，或明言，自认不是，而使他人亦知其非，俱归于是，则善矣。

一事不明乎理，则识便有不周之处；一行不合乎道，则事即有缺陷之端。人安可以其少而忽之哉？

人有一事之善，而他事未必皆善也；人有一艺之长，而他艺未必皆长也。人果有志前进，正宜以一事一艺自愧。若自矜其善，自负其长，则妄而已矣。

人与人计较是非，只见己之是，不见己之非；只见人之非，不见人之是。其本心非不明也，以有己蔽之也。若能克去己心，则是非公而计较可泯矣。

于性之所偏，习之所染者，决意必不为此，便是变化气质之法。

　　会课日,谓门人曰:"同人相约规过,甚善。但同人离索之日多,聚晤之日少,虽欲常常规过,乌得而规之? 然同人不能尽其规戒,自己正当严其纠绳。果能于独居之时,常若明师临于前,益友随于后,则纠绳严而省察密,又何患善之不能迁,过之不能改乎?"又曰:"会日讲论规劝,原为平日力行地步。平日肯从身心上用功,则会日所讲之语,方不落空。若平日不用功,会日规劝虽切,何益于事? 大家猛省,勿使会日之规劝无益也。"

　　无益之言不可说,无益之事不可与。何也? 恐妨吾之正业也。

　　有欲者必徇人,无欲则人不能屈。

　　无欲之刚,是不肯贬道以徇人。非妄自尊大,高自位置之谓也。

　　圣人所以不矜,不自见其功也;圣人所以不伐,不自觉其能也。若自以为有功有能,则矜伐生于不自觉矣。

　　薛文清公谓:"一念之刻即非仁,一念之贪即非义,一念之慢即非礼,一念之诈即非信。"余返已自思,此等念头皆不能免,若不痛加克治,必致发见于外,待发见于外而始治之,晚矣。

　　当理欲交战之时,切实用力,务使理胜乎欲。若欲胜乎理,将一发而不可复收矣。

　　闰七月初四日,灯下与门人论为学之要,曰专,曰勇。盖非此则终归于无成耳。

　　学贵能讲,尤贵能行。能讲而不能行,则所讲皆属空言,曷足贵哉!

　　无事心静易,有事心静难。吾人正当于难处着力。

　　或问:"有事时心下杂乱,将何道而使其不杂乱?"余曰:有事心下杂乱,识未精也,养未熟也。若能识精而养熟,则物来顺应,何杂乱之有?

　　力坚则外物不能撼,心定则事变不能挠。

　　欲使心静,而心不能静也。惟能穷理深,涵养熟,则不期静而自静矣。

能敬则万理皆照，不能敬者反是。

过之见于外者，去之为易；过之隐于中者，去之为难。善学者，正当于其难去者，力加克治，不可畏难而苟安也。

知所以致病之由，即知所以治病之方。盖能于致吾病者，不使再致吾病，则有病可复于无病矣。陈白沙云："知病便是药，岂待求之病以外乎？"

某自言平日所犯过恶甚多而且大，今欲改悔，窃恐无以改悔。余告之曰："人有过而知改，此是善机。但患改之不勇，不患旧过之多。旧过虽多，果能勇于克治，将旧日之过尽行改易，则去旧染而复天理，即盘铭所谓自新也。若悔而不改，改之不勇，恐终无济于事。"

人有己则不能公，人徇人又至于丧己。惟内不见己，外不见人，止于其所当止，方得至善之道。

存养是细密工夫，一着急便非存养之道。

识得此理，以诚敬存之，此涵养之要法。

人能将已放之心约之，使反复入身来，则致知力行，方才得力。若心向外驰，则致知力行，不过有其名耳，安能有得乎？

求放心莫如敬。戒慎恐惧，求放心之法也。

戒慎不睹，恐惧不闻，养其内也；耳之于乐，目之于礼，左右起居，盘盂几杖，有铭有戒，养其外也。内外交相养，而德成矣。

内外交养，不可偏废，一处功夫不到，一处必有缺。此句话原是令后人取法，今日正取法之时也。临卧又思，有劳于人，断不可存在心上，挂在口上，稍有一点留滞，便是施于人。

世之伐善施劳者，以劳、善非性分之所固有，职分之所当为，故伐故施。若以劳、善为性分之所固有，职分之所当为，则不伐不施矣。

天理为人之所固有，私欲为人之所本无。去其所本无，复其所固有，则德纯矣。

日用、饮食、动静，皆有天则。合乎则而不逾，便是道。道固无物不有也。

私欲伏于中而未发，不得谓私已净尽也。须时时堤防为是，一懈则发于不自禁矣。

心存诚敬，外感不能挠。

平日言持志，及临事而志不胜气，由涵养之未深也。

人有本无可惧，而偏惴惴恐恐，如集于木者，由理不明也。若用格致之功，能于事理洞澈无疑，自不生恐惧之心矣。

志帅其气难，气动其志易。

与人相交，只知责人，不知反己，由未体贴乎恕之理也。若能体贴乎恕之理，自不责人矣。

人之不肯舍己从人者，以见己之长而不见人之长也。若将见己长之心克治下去，自然视人人皆有可取之长矣。

己最难克，知其难，则克之不敢不力。

《中庸》"衣锦尚絅"，《大易》"退藏于密"，有一毫见才露能之心，便非入德之机。

默省已往之过，多是褊急为害。以后须以宽缓矫之，断不可再蹈覆辙。

徇欲者不知有身，知有身自不徇欲。

门人来见，余应之失言一句，余自知之，门人不知也。然余不可幸人之不知而私自覆护，故书于册以自警。

己之过伏于中者，曰闲思妄想；己之过见于外者，曰褊急。闲思妄想以主一治之，褊急以宽缓治之，则过可寡矣。

敬则心细，致知为易；不敬则心粗，致知为难。伊川先生曰："未有致知而不在敬者。"

伊川先生言："天下无一物是可少得者，以其为性分之所固有，职分之所当为也。"

恭而出于自然则安，出于勉强则不安。安不安之间，生熟之分也。

道理未玩索得熟，则听一言只是一言，闻一事只是一事，若道盛仁熟后，则触处贯通矣。

忽忘太多，由于心不存；心不存，由于不能战兢自持。能战兢自持，则不至于忽忘矣。

近日常以"造次克念，战兢自持"二语著于胸中，以此二语为用功之要法，不可一时离也。

门人来见，观其日程，有悔过语，因谓之曰："人既知悔过，即宜改过。若今日悔过，明日复犯，明日悔过，后日复犯，虽知悔，何益于事？"

灯下看《近思录》，谓门人曰："成德不能骤臻，工夫则可勉为，如无欲则静虚动直。无欲境界，目下虽不能到，而能常常省察，常常克治，虽造次急遽之顷，亦如此不忘，久久成熟，自渐臻无欲地步。若舍工夫而妄希成德，未见能有成也。"

读古人书求切己者，如其言以用功，则句句有益。徒资博闻，何济于事？

存养，则理实得于己，可以应事；不存养，则所读之书，出口入耳，遇事茫然。

有事时战兢自持，应事不差；无事时战兢自持，自无闲思杂虑。

专一于学问，心自不放。盖中有主则实，外邪不能入也。

人心用在理上，便是心存；用在非理上，便是心放。学问之道无他，求其放心而已矣；求放心之道无他，心存于理而已矣。

求道宜循序渐进，一着急迫之心，便有躐等之弊。好名者必徇外，此心不除，终难入道。

人心自由便放去，操之太急又过于拘迫，拘迫必不能久。须时时提醒，勿令昏昧，语默动静、饮食应接，皆顺理而行，久之自臻成熟境界。

磨墨急不得，缓不得，轻不得，重不得，即此可悟为学之法。

往日事前忽略，及事后知误，悔已晚矣。以后当谨慎于事前，庶不贻悔于事后。

人之行事，所以不能无误者，一由于见理不明，一由于临事无敬谨之心。此须平日讲明义理，极精极熟，临事又以敬谨出之，庶免后悔。

常存战兢自持之念于胸中，闲思杂虑虽未能尽免，而心清时多，昏时少，言语应接亦少有知觉。虽然，此特安常处顺之时也。吾人用功，必使有事时与无事时同，事少时与事多时同，处常时与处变时同，方为动静合一。

闰七月二十四日，阅李生日程，有"思亲下泪"语，因谓之曰："思亲下泪，心乎亲也。心乎亲则在家一言一动，务求当乎亲心，不敢一毫拂意；在外行事，必求事事合理，不贻亲忧。所谓一举足而不敢忘父母，一出言而不敢忘父母也。如此扩充，方不负思亲之意。"

春月买故书数十部，中有破损太甚者，几不堪入目。一经修理补缀，顿觉与新书无异。夫人之修身，亦若是也。前日肆行无忌，几不可为人。一旦立志改行，勇于为善，则其人顿与前日殊。观于补书，可以得修身之法矣。

酒色之中无孝子，货利之中无忠臣。

事至面前，虽不可厌，却当权其缓急。急者先为，缓者次为，无益者不为，如此则应之有序，而不至于厌事矣。

程子言治心之法，惟在一"敬"字，舍此别无巧法。学者能以此存心，便是入道之机。

程伊川云："要作得心主定，惟是止于事。"止于事者，知为性分之所固有，职分之所当为也。当为则为，尚何不定之有？

会课日，谓门人曰："同人会课，半月才一次，必当各求有益。友未善则劝其善，友有过则规其过，此己有益于人也。见友之善，取以为法；见友不善，深以为戒，此人有益于己也。人己均能有益，只看用心何如耳。"又曰："孔子言：'三人行，必有我师。'同人会晤，较三人行之时倍为宽绰。见人之善也从之，见人之不善也改之，见人之善与不善兼也，则从其善改其不善。如此观法感悟，方为善于取益。"

王生言："贼寇当前而兵勇不进,真属可恶!"余曰:"兵勇不进,其罪诚无可逭。然私欲为心之贼寇,若任其猖獗,不加克治,与玩寇殃民者奚以异!"

不明理,则心中糊涂,以是为非、以非为是者多矣。故格致为《大学》之首务。

家居少外出,省事之一法,事省则心自静。

发真心,学上等人,读书心自专,以做人之法,皆在书中也。

心中广大宽平,外方能动容周旋中礼。若方寸危殆不安,见于外者必多急遽苟且之失,未有内如是而外不如是者也。

敬则心明,明则活。彼以敬为拘束者,不知持敬之道者也。

观"子在川上"章,可见实理充塞宇宙,有一息之间断,则不流行矣。

不读书而气质用事,犹可言也。若读圣贤书而不能变化其气质,空读何为?

人不尽力于应为之事,故于不应为者而旁涉焉。若专致力于应为之事,即朝夕孜孜,尚恐不及,何暇及于本分以外乎?

谢上蔡尝作课簿,以记日用、言动、视听是礼与非礼者,是则行之,非则改之,无一时敢放其心也。如此刻苦勤励,所以卒能有成。

欲齐家,必先修身谨言行。言行者,一身之枢机,一家之所观型也。言行不谨,则施于人者必不当,欲家之齐也得乎?

莫知其苗之硕,原是形容其无厌之心。如今人既富之后,而犹日夜孜孜讲求财利,是即莫知苗硕之心也。

爱恶不得其正,则家庭之中拂戾乖争,虽欲齐之,乌得而齐之?若爱恶得其正,则一家之人心悦诚服,自循蹈乎规矩之中矣。

礼有本、有文、有诚,而借文以将之,则外见之文,皆其诚也。若有文而诚不至,空文而已,君子奚取焉?

吾人为学,当化物而不可化于物。不能化物而化于物,学未至也。

吾人处世，当秉礼以化俗，不可弃礼以从俗。弃礼以从俗，则亦无所不至矣。

世有盛衰，道不可有隆污。

自守以正，方能应变。自守不正而言应变，未有不流于俗者。

近悟得谦退为持身之要道，人皆欲名，我退处于无名；人皆欲利，我退处于无利；人皆好胜，我退处于不争。凡世人所争取之事，我皆让之于人，道理既合，而身亦无不安矣。

胡敬斋先生谓："真能主敬，自无杂虑。"盖敬则主一无适，闲思杂虑自然无从生。特主敬之功不至，斯闲思杂虑仍不能免耳。

当盛怒之时，以为不可不怒，及事过追思，而始知其不必怒，非一人之心前后顿异也。怒时理为气蔽，事过则气平而理见也。

常存战兢之心，则暴怒不生。其暴怒无节者，皆不存战兢之心者也。

遇事顺理而行，无意必固我，便是心得其正。

以包荒之量，而用冯河之勇，于人之远者不遗其才，于朋之近者不徇其私，故得尚于中行。

日盈则昃，月盈则食。古人当极盛之时，恒以谦退处之，盖非此则无以善其后耳。

德逾于福，福虽盛而灾不至；福逾于德，德不修而祸将来。

苟完为善，极备为凶，治生者不可不知。

孟子斥杨、墨为无父无君，以其为我兼爱也。今人日读圣贤之书，而于高堂之志意不能顺适，国家之休戚不相关切，是真无父无君也，岂必习杨、墨之教而后为无父无君哉！

惠迪吉，从逆凶，验之古今成败昭然。特从逆者迷复不悟，斯亦无如何耳。

读古人书，说着自己病痛处，如亲受古人之责让，然庶足警昏愦之心，振委靡之气。若以为古人之书与己无关，则读如未读矣。

人欲谨言，先要谨心，心谨则言自谨。若心无管束，自然言语随便发出，而尤悔在所不免矣。

常恐做事有误，此是好心。然亦有恐其误而卒误蹈之者，理不明也。理明而涵养省察，乃始有用力处矣。

为之不厌，诲人不倦，下学也。仁与智，上达也。下学之功到，自然能上达，而夫子辞上达之名不居者，欲示人以下学之功耳。

为学不可有意立异同，是非却要辨别。

得己之辨不可有，不得己之辨不可无。今之好辨者，皆得己而不己者也。

一事有一事之是非，人之所共知也。及事至面前，却舍是而从非，非甘于非也，以事便于己也。便于己则从之，不便于己则违之，则所知者利害而已矣，何得云知有是非乎？

众论淆乱，观识见；风俗波靡，验学力。若随声附和，从俗习非，则亦无贵乎为学矣。

于众人共为之事而独不为，非志力坚卓者不能。

即所居之位以为学，随在皆有可尽之职。若舍现在所居之位而求之高远，则索之分外，必致欠于分中，又何以言学乎？

人于微名微利，尚贪恋不舍，安望其遇大事而有操持？

致知之功有浅深，心中境界亦因之不同。

大伦无亏，小物克勤。

除去便己之私，始可言学。

中有涵蓄之人，虽有大善，绝不形之于口。此可为法。

教人者当教以格致诚正之学，若不教以格致诚正之学，而专以时文教人，既不知向上之路，而惟欲博取功名。时文愈好，人心愈坏。将来得志为官，做出无穷不好事，皆当日失教之过也。教人者，安可不慎其术哉？

世之教人者，其不知有格致诚正之学者无论矣。即知有格致诚正之学，而仅能讲之于口，不能体之于身，以此教人，人必不从。若能格致极其精，诚正极其至，以此教人，人必服而从之。盖人之从不从，惟在乎身之修不修耳。人欲教人,安可不先修其身哉?

常有检察,是存其心;事无妄为,是养其性。

所接见者,虽是流俗之人,自己所言,总不失乎正理,是谓谨言。

邵二泉别母诗云:"天下无如别母难。"然生别犹有见时,死别永无会期。言念至此,不禁涕零。

知觉从德性中发出,方为真知觉。

心何以妄动?心有所偏也。欲制妄动,须先克去偏处。

昔人谓识得本体,好著工夫。余则谓用了工夫,方识本体。若不用工夫之人,心中终日憧扰,乌能识自己之本体耶?

一有避患之心,看道理便不分明,处事便不得其正。古来忠臣义士,认真第一义去做,至死不悔,只是见得道理分明耳。

为学已资熏陶于人,己亦当熏陶乎人,所谓以爱己之心爱人,则尽道是也。

此道至大,求之宜急,不可以此事为小,不可以此事为轻。

看书宜专守一书,看此书毕,然后再看他书,庶有精熟之日。若看此书未了,又看彼书,首尾既不贯串,道理难望浃洽,虽终年诵读,不得一书受用,岂不枉费功夫?

某人官县令,其母死于贼,葬亲之日,犹孜孜讲求滋味。余谓此人必如王伟元,方足申其孝思,若释哀而讲求滋味,真可谓无人心矣。

随事精察而力行之,此为学之要道。

戒慎恐惧,固是主脑,更须穷理以培养之,庶不迷于疑似之辨。

人于道理,虽有所见,而不能本所见以见于事、为之间,终是空见,而非实得。空见不足恃,实得方可凭也。

嘉定黄蕴生淳耀,为明末醇儒,弱冠即著《自鉴录》《知过录》,有志圣贤之学。后为日历,昼之所为,夜必书之。凡语言得失,念虑纯杂,无不备识,用资省改。余详书日程,与蕴生之意同,而迁改不力,窃恐有愧于先儒。以后不仅求如蕴生之详识,必求如蕴生之力改,庶有愧于前日,或无愧于后日耳。

顾泾阳先生谓："行住坐卧，圣人从一团天理中流出，是谓真心。常人日用而不知，是为习心。"余默自体勘行习，真心少而习心多，以后朝夕培养真心，庶有发见之日。若竟以习心为真心，则真心终无发见之日矣。

学者处事接物，以厚为师，以薄为戒。若常存计较之心，怕吃亏，喜占便宜，即此已与忠恕相反，何由入道？

常存情愿吃亏之心，则计较之心自泯。若存计较之心，自然说出薄话，做出薄事去。圣人忠恕之道，何啻千里！

自古正人君子，未有不为流俗人所诬者，而其诬卒白于后世，可见公道自在人心。

无锡周儆庵先生，朴茂简重，有古人风。对客终日，并无一闲话。余自揣见客多是说闲话，因书此以自警。

余致斋而心未能专一，读刁蒙吉《四书翊注》云："祖考往矣，而祭者之身，则其气所留也。"遂觉己之精神与祖考之精神，贯通无间。

或谓为学宜力行，不必讲论。余谓讲论有益于力行，力行必资乎讲论。盖彼此讲论，可以开发心思，振奋志气。心思开发，志气振奋，则力行自易，岂得谓力行无需乎讲论哉？

每日往善路行，有一发而即达者，有一发而为私意所阻者。善为私阻，便是意不诚。

虽不至回护私欲，装点门面，而方寸中有不可对人之心。总怕人知，即此便是自欺。以后须除去此心，方能过得欺慊关也。

十一月十六日晨起，思圣人之心，只是无一点私欲，事来以正理应之。余心中不能无私欲，故事来不能应以正理。以后惟当勉强克去私欲，事来讲求正理以应之，庶为学圣人良法。

或谓圣人天资高，所以为圣人。余谓圣人不独天资高，学力亦迥异于常人。观其自言发愤忘食，乐以忘忧，不知老之将至，其功夫直无一刻之闲。吾辈天资既不及圣人，功力又远逊于圣人，安能骤至圣人之品地乎？

圣人何以发愤？以未得也。或谓圣人无未得者。余谓道理无穷，圣人亦容有知之未真者。知未真，则必发愤以求之，不至于得而不已，此其所以为圣人也。若谓圣人无未得，虽推尊圣人，转失圣人之心矣。

乐以忘忧之乐，即反身而诚之乐。盖反身而实有斯理，于己则心安体舒，何乐如之？岂忧患之所能间乎？

圣人资质甚高，而不恃其质，故所成者大。后人稍有天资，而即自恃其质，故所成者小。

己以道自重，人亦以道重己。即悠悠世俗，不知重己，而己之可重者自在。若己不以道自重，而枉道以希世，则人必从而轻之矣。

或谓己有道，方可自重，若己本无道，又何以自重？余谓道之有无，惟在自重与否，自重即是有道，不必于自重之外别求道也。

季路曰："愿车马衣轻裘，与朋友共，敝之而无憾。"颜渊曰："愿无伐善，无施劳。"二贤原是举此以明其无吝无骄之志耳。若不遇其事，其志遂不可见乎？吾辈学颜渊、季路，宜以无吝无骄存心。事到面前，即以此心应之，岂必拟其迹而学之乎？

天下事皆己分内事，为之而不善，己之分有亏；为之而尽善，亦非于分之外有加也。颜子不伐不施，其知此意欤？

《易》之卦爻，借一事以明其义，其实不专指一事言，值其时便可用之。若必待有其事而后用之，则《易》之义狭且浅矣。

《贲》六爻，皆发明文明以止之义。盖事虽宜文，须止而不过。若徒文而不知止，则繁文缛节，必致有文胜之弊。

"离"，明也。"艮"，止也。"离""艮"合而为"贲"，故《象》曰："文明以止。"

常存计较得失之心，便不能审富贵，安贫贱。欲审富贵，安贫贱，须除去计较得失之心。

圣人之心与天地呼吸相通，绝无一点隔碍之处。

真心下学人事，则物格、知至、意诚、心正，自有上达天理之妙。

十二月初一日,诸生在舍间会讲,谓之曰:"诸君会讲,须先辨一副真实心。劝善规过,质疑辨难,皆出于性分之不容已,既非装点门面,又非虚应故事,方为有益。若徇其名而忘其实,则与徒了人事者何异?"

机械变诈非知,能辨是非为知。今人言知,多以机械变诈当之,误矣。

人能辨别是非,则所交者皆是正人,所行者皆是正理,是非辨而百善从之矣。吾人为学,安可不以辨是非为先务?

常见自己好处,即是伐善施劳之根。须克去此等念头,方能志颜子之志。

为人不亲近善人,而亲近恶人,且于恶人有事维持调护之,则是非之本心已失,何以为人?

《复》卦象曰:"先王以至日闭关,商旅不行,后不省方。"传云:"阳始生甚微,安静而后能长。"人初有志于学,一阳始生之象也。必安居静坐,以息其浮躁之气,而发其本心之良,然后可以言学。若动多于静,酬应不息,则心中既不宁贴,道理无由发见,欲求入道难矣。

吾人行事,当辨别是非,不可计较利害。若专计较利害,不知辨别是非,必至忘理背义,无所不为。

安仁者,乐之者也;利仁者,好之者也。安仁则贫而能乐,富而好礼;利仁则贫而无谄,富而无骄。

李生来见,与之讲"不仁者不可以久处约"章,因谓之曰:"安仁之境,不能骤及,学者正当于利仁上用功。盖由利仁,庶可渐进于安仁。未能利仁而期安仁,未有能至者也。"

《集注》与《或问》异者,当以《集注》为正。谢上蔡解"仁者安仁"二句,仁者心无内外、远近、精粗之间云云,《或问》云:"谢氏之说则善矣,然初不见'利'字意,而于所以安仁者亦未亲切。"今此说《集注》取之,《语类》称之。论其道理,《集注》为是,《或问》盖未定之说也。

今人不论正理,惟私仇私怨是寻,所以事变日多,人心日坏。

《离》初九："履错然，敬之无咎。"错然者，事物交错纷至也。事物虽多，能以敬应之，则各得其当，何咎之有？

心存天理，念念不舍，方是利仁，一有间断，便在若存若亡之间矣。

孟子言仁义礼智根于心，是言实有仁义礼智于心也。有是根方能发见于外，无是根则不能。

不为不欲，本心也；为所不为，欲所不欲，妄心也。截断妄心，保守本心，则无为其所不为，无欲其所不欲矣。

其所不为，其所不欲之心，人皆有之。但为私欲所埋没，往往为其所不为，欲其所不欲。吾人遇事到面前，即省察是吾所不为、不欲否。若是吾之所不为、不欲，即已萌为之、欲之之心，亦必斩钉截铁，使不为、不欲而后已。私欲除，则天理复。吾人须于两"无"字用力。

无心之感，其感公；有心之感，其感私。无心之感，其感广；有心之感，其感狭。

《晋·大象》："君子以自昭明德。"宜专主自明其德言。若兼人己说，恐于"自"字不合。

明出地上，有晋而不已之象。自明其德，亦宜有晋而不已之意。故君子观《晋》之象，而以自昭其明德焉。

君子得志，小人伏处，则天下治；小人得志，君子伏处，则天下乱。

温公《书仪》、朱子《家礼》俱于卒哭之明日祔，祭毕，仍奉新主还灵座。大祥后，乃奉神主入祠堂。陈祥道《礼书》引荀卿曰："丧事动而远，故将葬而既祖，柩不可返。孰谓将祔而既饯，主可返乎？"愚祔而复返，前人以为非，而三年中又不可全无事。故余居先母丧，从《开元礼》，禫祭毕始祔。

《仪礼·士虞礼》："明日以其班祔。"《礼记·檀弓》："殷练而祔，周卒哭而祔。孔子善殷。"盖不忍急死其亲也。程子曰："丧须三年而祔，若卒哭而祔，则三年却都无事。礼卒哭犹存，朝夕哭，若无主在寝，哭于何处？"张子曰："古者君薨，三年丧毕，吉禘，然后祔。因其祫,祧主藏于夹室,新主遂自殡宫入于庙。"《国语》言:"日祭月享,庙中岂有日祭之礼?"此正谓三年丧中不撤几筵,故有日祭。朝夕之馈,犹定省之礼,如其亲之存也。至于祫祭,须是三年丧毕乃可。余居先母丧,卒哭未祫,直待禫祭毕始祫,用程、张说,不专主《家礼》。

《礼记·丧服小记》云:"大祥吉服而筵尸。"郑注云:"凡变除者,必服其吉服以即祭事。"余于先母再忌日,设大祥祭,服禫服;除服日,设禫祭,服吉服。丧制有定,不敢以凶而临吉也。

《礼记·杂记》云:"祥,主人之除也。于夕为期,朝服。"郑注:"《释禫之礼》云:'元衣、黄裳。'则是禫祭元冠矣。黄裳者,未大吉也。"《间传》云:"禫而纤,无所不佩。"郑注:"黑经白纬曰纤。旧说纤冠者,采缨也。"孔疏:"禫祭之时,元冠朝服。"余于咸丰四年九月二十八日服除,为先母行禫祭礼、祫庙礼,服吉服,从郑氏说。

余居先母丧,未葬,日上食三次,每上食四拜。朔望设盛馔,五拜。既葬,日上食一次,四拜。朔望之祭,与未葬同。禫祭祫庙毕,遂止。盖情虽无尽,而礼则不可越也。此卷自咸丰四年闰七月起,至十二月止。

卷 八

有待而与己,属凡民。若遇明师益友而不知兴,凡民不如矣。

人性本善,尽性则完其分之所固有,不尽其性便欠缺了。

圣人以天纵之资,而用发愤忘食之功,所以为圣人。吾人天资下圣人百等,又恁地悠忽,所以终于庸愚而不能有进也。

吾人遇富贵,即于富贵上加功;遇贫贱,即于贫贱上加功;穿衣吃饭,即于穿衣吃饭上加功;应事接物,即于应事接物上加功;诵诗读书,即于诵诗读书上加功。无一时非当用功之时,无一地非当用功之地。若稍形疏忽,即有缺陷矣。

《朱子语类》曰:"只闻'下学而上达',未闻'上达而下学'。"又曰:"今学者之于大道,其未及者,虽有迟钝,终须有到时。唯过之者,便不肯复回头耳。"此二条未闻指何人,似为陆象山而发。

贪恋富贵,丧厥本真,吾人当深以为戒。

格物之始,逐事理会,一事自为一事,一理自为一理。知至之后,本原澄澈,分之虽有万理,合之只是一理。

道理天所赋予,是合当做的。见以为当做而即做,则无愧于天矣。

吾人为至细微之事,须令平正妥当,盖小事即大事之所兆端也。若忽略小事,而曰"吾能办大事",恐未必然。

闻一理即行一理,子路可谓大勇矣。

真知则必行,能行方为真知。

宋太宗称吕端"小事糊涂,大事不糊涂"。余谓端之小事糊涂,以其无关紧要,漫不经心也;大事不糊涂,以其有关得失,格外留意也。

若圣贤之道，则无论大事小事，皆不敢忽，岂肯以小事而略之哉？

圣人为乘田，为委吏，皆尽其职，而庞士元不屑以一邑自见，岂所语于中庸之道？

姜明府簏赴郏县任，来辞行。余告以法穷则变，变则通。前政之便民者吾遵之，前政之不便民者吾更之，如是则民自服矣。

人心中不明，未有自知其不明者也。自知其不明，则渐进于明矣。

朱子《上宁宗疏》云："为学之道，莫先于穷理；穷理之要，必在于读书；读书之法，莫过于循序而致精；而致精之本，则又在于居敬而持志。"数语最得要领。依其说行之，自必日进于高明之域。

习心难除，真心难见，故每日所行疼痒关切之时少，寻行数墨之时多。

桐城张文端公云："余有安心一法，非(礼)[理]事决不做，费力挽回事决不做，不可告人事决不做。"余按不可告人事，皆非理事也。而非理之事，有为人所共见者，有为人所不见者。能于人所不见者而预绝之，则无费力挽回之苦矣。此三事实一事，文端特分而言之耳。

出门闲步，思一事，初心甚正，后忽有私欲。初心甚正，本心也；后有私欲，习心也。去其习心，则本心复；除却私欲，则天理明。

父之严者多，母之慈者多。母偏于慈，往往蔽其子之恶，而不使父伸其教。家之不正，率由于此。故必父母并称严君，家道乃能得其正。

《家人》卦言教一家者也，阳主教而阴主承。教宜严，承宜逊，教严承逊，则家道正矣。

《家人·象》曰："女正位乎内，男正位乎外。"男女正，天地之大义也。男女不正，便是天翻地覆，岂可不惧？

《家人》初九之《象》曰："闲有家，志未变也。"当志未变而闲之，则法易施。若待习惯于非而后闲之，则无及矣。谚云："教妇初来，教子婴孩。"正此意也。

处家庭父子之间，不患其无情，而患其多情，故《家人》九三嗃嗃则吉，嘻嘻则吝。

"九三，家人嗃嗃，悔厉，吉；妇子嘻嘻，终吝。"按嗃嗃，严急之意。治家以严，虽悔厉而吉。嘻嘻，笑言之声。失礼自恣，必至于吝。两象两应，诸儒皆如是解，独来矣鲜。《易注》云："嘻嘻，叹声。"又云："若专以嗃嗃为吉，而无恻怛联属之情，使妇子不能堪。而至有嘻叹悲怨之声，则一家乖离，反失处家之节。不惟悔厉，而终至于吝矣。"一串说下，不合本文之意，宜从本义为是。

"嘻嘻"虽有叹息、笑乐两训，《家人》卦断当以笑乐为训。使非笑乐，何以为"嗃嗃"之反哉？

《家人》："六四，富家，大吉。"《象》曰："富家大吉，顺在位也。"郭子和《传家易》云："六四之富，岂金玉布帛而已哉？盖必有其道矣。其道何如？父父子子、兄兄弟弟、夫夫妇妇是也。家道之富，无以加于此，故其为吉莫大焉。"杨廷秀《易传》曰："善富家者，不宝珠玉，而以父慈子孝为珠玉；不丰粟帛，而以夫义妇听为粟帛。故六四之富而吉，吉而大。圣人释之曰：'六四之富，非以富而富也。'父子夫妇各顺其位，而不相逾越，是谓富也。易之富家，即记之家肥也。"二说甚得经义。而后儒讲"富"字，多主财利言。夫厚殖广生，虽为治家所不废，然使父子兄弟不能顺其在位，则金满仓溢，适以佐其乖违之具，岂得云大吉哉？即此而论，则"富"字断不主财利言矣。

《易》六十四卦，各卦自为一理。各卦中爻位不同，其理亦不同。吾人须明乎各卦之理，又明乎各爻之理。理虽不同，无非即其所居之位而示之以中正之道，则理有万殊，其实一理而已。

吾心只有一个道理，应事却有万个道理。应事虽有万个道理，仍是吾心一个道理，所谓一以贯之也。

道理不熟，见得万理只是万理；道理既熟，见得万理只是一理。盖道理既熟，自有融会贯通之妙。

曾子随事精察而力行，是就事上讨道理。就事上讨得道理久，则心上道理熟。道理既熟,自见得应事虽有万理,实是一理。心中业已见得,所以闻言即悟,应之速而无疑也。

心中虽知道理,而知之不熟;虽告以一贯,而不能会悟。心中能知道理,而知之又极其熟,则其心本有贯通之机,告以一贯,自迎刃而解矣,故应之速而无疑。不然,将信忽疑,岂能若是之契合无间哉?

日用间随事精察,久之道理方能融贯。若不用随事精察之力,焉能得融会贯通之妙?

学者之忠恕,与圣人之忠恕不同。盖圣人之忠恕,自然者也;学者之忠恕,勉然者也。由勉然以渐臻于自然,则学者之忠恕,即圣人之忠恕矣。

至诚无息,使万物各得其所,天地之忠恕也。一理浑然,泛应曲当,夫子之忠恕也。尽己推己,学者之忠恕也。学者之忠恕,做到极处,即是圣人之忠恕。故圣人之一贯,可即学者尽己推己之目以明之。盖人虽有安、勉之分,而理则无彼此之殊也。

曾子以忠恕明一贯,虽是学者尽己推己之目,然夫子之道实是如此,未尝说低了圣道,而又使学圣人者得下手之方。曾子之言,有功于天下后世不浅。

曾子以忠恕言一贯,是指忠恕做到极处而言。忠恕不做到极处,亦不能一以贯之也。

随事精察力行,积累久后,始能一贯。此是自然而然,非勉强可致。吾人须于精察力行上加功一贯,听其自悟可也。

吾道一以贯之,寂然不动,感而遂通也。

曾子恐门人看得一贯太深太高,故以忠恕明之。盖忠恕造其极,非圣人不能;而启其端,则学者亦可从事。吾人读曾子之言,即宜以忠存心,以恕接物。存诸心者,无一念之不诚;施诸物者,自无一事之不当。若徒讲说而不能存诸心,施诸物,纵讲得甚精,何益于事?

发一善念,又有旁念以参之,此是意不诚。

好为权术之言者,其心必多权术,言为心声,不容掩也。

　　韩魏公说到人负己事,愈觉心平气和,此真能涵养者。若说人负己而声高词厉,便是没涵养。

　　明善,致知也;复初,力行也。明善,学之始;复初,学之终。

　　疼痒关切为仁,手足痿痹为不仁。

　　颜子平日工夫,尽在非礼勿视、听、言、动上。非礼,己也;勿视听言动,克己也。己克则礼复,故能不迁怒,不贰过。朱子以为好学之符验,良然。

　　颜子用格致诚正之功,故能不迁怒,不贰过。无此工夫,不能有此效验。

　　人有己私,故怒至于迁,过至于贰。克去己私,则能不迁、不贰矣。

　　圣人发皆中节,不必言不迁怒;圣人心不逾距,不必言不贰过。颜子盖学圣人而未至者也。

　　圣人发皆中节是自然,颜子不迁怒是勉然。

　　圣贤义理之怒,是可怒在物,而不参之以己见;庸愚血气之怒,是有触即动,而不制之以义理。即或知论义理,而义理不敌其血气,欲其不迁尚难,况发皆中节乎?

　　或谓圣人无怒。余谓圣人未尝无怒,只是以义理为主。理所当怒则怒,故发皆中节。若常人则不合己私便怒,故出于心,作于气,以至于无所不怒。怒气勃发,如此安望不迁?颜子之不迁,虽不及圣人之从容,而能以礼制心,断不至如常人之人欲横流。

　　存斋问:“三月不违,颜子只是间断时少,故不违至于三月之久。三月之后或有间断,少间即接续去。其余虽间断时多,亦宜一间即接续去。今曰日一至焉,月一至焉,诸贤皆有存省之功,不应间断至于一月之久,方才接续去也。”余告之曰:“贤之所疑,不为无见。但仁道至大,虽以雍之不佞,由之治赋,求之为宰,赤之对宾客,夫子尚不知其仁,则其至仁不久可知。今曰诸贤皆有存省之功,一间便接续去,则是至仁之时多,不至仁之时少,夫子何以仅谓之日月至乎? 以愚度之,朱子《集注》之说为长。贤之所疑,恐未必然。"

　　林希元《四书存疑》谓:"'日月至焉',不是一日一月才一至就去。若尔,则日至者一年有三百六十次,月至者仅得十二次。如今市井之人,一年之久,亦安得无十二次? 天理发见时似此,安得为孔门学者? 故'日月至焉'者,是一日一月皆在于仁。"愚按一日一月皆在于仁,朱子旧为此说。后以一日不违仁尚有之,一月不违者难得,故改作或日一至焉,或月一至焉。人果能日日有无纤毫私欲之时,已足征其存省之功,何得疑其不似孔门学者乎? 此道唯真实用功者知之,非揣测之所能悉也。

　　心得其正便是仁,少有私欲便是不仁。

　　王生来见,谓之曰:"前属贤,疼痒相关。盖疼痒相关,仁也。人不疼养相关,则一身之外,无足动其意者。若疼痒相关,则视天下事,皆己分内事。如此用功,德性自然周流贯彻,而无自私自利之病矣。"

　　己有言而人不从,或彼识有未及,或彼势有甚难,以情谅之可也。不从而怒,不亦褊乎?

　　人做恶事,本欲遗害于人,究至遗害于己。人即不惧害人,独不惧害己乎? 思至此,亦当知返矣。

　　一警省,心便存;一悠忽,心便亡。心之存亡,易如反掌。

　　自古无不好学的圣贤。

　　或谓:讲书与讲学何异? 余曰:"发明章句,是讲书;讲书而归之于躬行,是讲学。"

　　治天下之道,任人则事举,任法则弊生。

　　有诸己而后求诸人,无诸己而后非诸人,欲人先尽乎己也。所恶于上,勿以使下,欲人善体乎人也。欲尽体人之恕,必先有尽己之忠;既有尽己之忠,又不可无体人之恕。二者相须,缺一不可。

　　以治人之心治己,忠也;以治己之心治人,恕也。无治己之忠,必不能有治人之恕,所谓无忠做恕不出也。

　　正其谊不谋其利,明其道不计其功,君子儒也。小人儒反是。

门人来送日程，见其赴书院课动得失之念，因批其眉端曰："得失之念，即为人之念，非为己之念。此念存在胸中，必致人欲横流，善学者宜制之于早。"又曰："除去名利之私，专心诵读之事，勿见小，勿欲速，久久自有成功之日。"又曰："凡念之不可令人知者勿存，凡事之不可令人见者勿行，以此自检，庶有进步。"

靳生欲写日程，谓之曰："写日程是省察之功，实用功者，写之有大益。若支吾外面，虽写亦无当也，况又不肯实书乎？贤其慎诸。"

三月初八日，为门人讲文毕，复告之曰："人不存心，看不出自家不是。一存心，便知所行无非罪过，然又非一知而已也。知其非，即当力改其非；改其非，则进于是矣。"

阅门人日程，告之曰："记日程，善行固宜备书，过端尤宜详记。倘记善而不记过，则行不善是一过；不记于册，以图掩饰师友之耳目，是又过之甚者也。诚伪关头，急宜猛省。"

读"孟之反"章反己自思，平日临事，往往有矜心，不胜抱愧，因自讼曰：己之才，能有古人之才乎？己之功，能有古人之功乎？不能如古人，则愧耻不暇，而可有矜心乎？而乃蹈常习故，不知克治，以小善自喜，则纵肆其心，不惟不能胜古人，将不如今人矣。戒之哉！

门人日程云："有不顺母意处。"余批其卷端示之曰："不顺亲心，由于自执己见。己见未必即是，即所见果是，亦不可执拗以违亲心。孟子云：'不顺乎亲，不可以为子。'此言正宜熟复也。"

骄则愚，谦则智。

人当安居，无事宜战战兢兢，防患未萌。若恃其豫顺，任意所为，则忧患生于不觉矣。朱子《易注》曰："危惧故得安平，慢易则必倾覆。"安危之界，急宜留神。

办天下事，无恳切之心，则怠；有恳切心，而不出之以从容，则躁。内有恳切之心，而外出之以从容，方是经纶妙手。

天下事，皆己分内事。能行不能行，又看时与位何如。

吾人办事，四面八方都想圆到，发出来始无缺略偏重之患。若但看见一面道理，则重此轻彼，将有不得其平者矣。

《否》之《象》曰："君子以俭德避难。"非不修德，言不求知于人耳，观下句"不可荣以禄"可见。

张杨园先生曰："学者先观其德器。德器浅薄，终罕成就，虽成亦小，如易喜易怒、不堪拂逆、疾恶太深、进锐退速之类。"余屡犯诸病，盖浅薄之尤者。既知其病，即宜力加矫变，使归于厚，断不可不加壅培，使之日趋于薄也。

稍有一点不平心，做出来便少退让谦逊之意，安可不密自检点？

心中常思以虚公为应事之本。

行道而有所得，谓之盛德；行善而至其极，谓之至善。

会课日，谓门人曰："为一事即计一事之效，此事必不能成。须是朴实头做将去，不管有效无效，方是崇德实功。"又曰："初次会课是真心，会既久，恐有习心生出来，须默自检点。"

家中闲坐，有无知音之叹，继思此是妄心。人之行事，只求合理，不问知音之有无也。

发笃实向道之志，去临事游移之心。

虚公为进德之本，骄吝实害德之贼。

小人不耻不仁，不畏不义，时加惩戒，尚未必果能改变。宽以容之，宠以待之，必贻后日之悔。

常人之理财，主于聚财；大学之理财，主于散财。财散而民始聚，天下始平。若不散财而言聚财，则众叛亲离，天下必乱矣。

絜矩者，人心之公理，非全在报施应答间言也。所行合乎公理，便是能絜矩；所行不合乎公理，便是不能絜矩。

万籁无声，一室自处，心之静也易；稠人广座，应烦治剧，心之静也难。吾人于难处能静，方为真静；仅于易处能静，试以烦剧，恐未免纷扰耳。何以能应烦而静？只是认得理透，一一顺而行之。

以水养火，火不动而身常健；以静制动，动不妄而心常安。

身居一室，量周六合。

六月暑气逼人，汗流不止，若存随遇而安之心，则心中平静，自然清凉。若恶暑过甚，则心中烦恼，不可一日居矣。盖境之能动人，实由于心之先自动也。

"人之有技，若己有之。人之彦圣，其心好之，不啻若自其口出。"好恶恳切如此，可谓无一毫有我之私矣。有一毫有我之私，必不能如此恳切。

见贤而不能举，举而不能先；见不善而不能退，退而不能远。非不明也，其明为私欲所牵制也。故人必尽去人欲之私，好恶方能无遗憾。

阅古人书，见人有愎谏者，门人皆斥其非。余谓此事正可借鉴。吾人当受言时，试想此心果乐受耶，抑貌从而心违耶？若是貌从心违，则与愎谏者何异？吾人遇此等事，正宜返观内省，力去己心之非，不可徒斥古人之非也。

张鲁岩朴陋无威仪，人皆以其好学而重之，可见实至者名必归也。

薛文清公曰："吾愤然欲造其极而未能者，其故安在？"余所病与文清所言同，推原其故，只为意不实，意实则德可进矣。

接一人，处一事，便从利害起见，此私欲之至大者，不可不克。

吕新吾先生《省心纪》一书，分"心过""身过""口过"三类。"心过"三十七则，"身过"五十三则，"口过"三十则，其所纪过之名目，已甚详悉矣。道光庚戌，余取原本重刻，以广其传。咸丰乙卯，又有人重刻，于"心过"类增一则，"身过"类删三则、增十则，"口过"类删一则、增二十则。先儒之书，本不宜妄有增改，即欲增之，亦宜注明于各条之下。若不注明，则以己之言为先儒之言，岂可哉？若人此举可谓欲免过而先自蹈于过矣。

《省心纪》原本分"心过""身过""口过"三门，新刊本又于各门中分"匪仁""匪义""匪礼""匪智"五子目，而其所分者往往不当。欲刊此书，照原本重刊可矣，何必分析更张，自见才智乎？《省心纪》曰：

"无端多事曰扰。"此之谓也。

小人不论是非，惟以人从违乎己为是非。其从也，借公事以赏之；其违也，借公事以罚之。赏罚虽出于公，实皆一人之私也。此等人投闲置散，尚恐复起，岂可置之当途乎？用人者其慎之。

以直报怨，圣有明训。一有修怨之心，则事理必不得其平，握权者慎之。

唐李，景让母郑氏所见远大。宅后墙陷，得钱盈船，母命封而筑之，不取，盖不欲享无故之利也。吾辈须想自己身当其际，能不取否？若犹有贪恋之心，则负此须眉矣。

心高气傲之人，必不能体贴物情。

《大学》"治国平天下"，言教而不言养，能散财而不聚财，则养在其中矣。

蔡虚斋先生不读杂书，而专用心于《章句集注》，故《蒙引》所得独深。

直者，民之所好也；枉者，民之所恶也。举直错枉，与民同其好恶，故民服；举枉错诸直，不与民同其好恶，故民不服。上欲服民，惟在自慎其举错，不必问之民也。

人有自高之心，则胸怀满足。虽有学问胜于己者，必不肯问；虽有德行加于己者，必不肯师，何由前进？

近悟得事无大小，皆宜以谨慎出之，尤不可有自是之心，虚心体察，庶免错误。

镜空始能照天下之物，心虚始能应天下之事。

余阅门人日程，切实教以谦虚退逊，不可流于简率一路。又劝其凡事宜以理为主，不可从便己处着想，便己往往于正理不合也。

忠信可以行蛮貊，而况在州党；诚敬可以格鬼神，而况乎人群。

常人待感而后动，君子尽己所当为。

不待感而无不尽心者，上智也；感而后动者，中人也；感而不动，民斯为下矣。

　　富贵功名，求之未必得；仁义道德，求之而即在。世乃舍其可得者，而求其不可必得者，亦惑之甚矣。为善善应，为恶恶报，如影随形，不爽分毫。人观于此，亦可以自决从违矣。

　　宝剑之利，由锻冶而成；良玉之精，由琢磨而致。人欲修身，而不用省察克治之功，岂可哉？

　　以顺人意为心，必非忠良；以便己私为心，必非义士。观人者不可不知。

　　听极浅近人说世事人情，便反之己身，体察是非，此最有益。

　　读"古者言之不出"章，觉平日之言到口即说，真为不知耻。

　　耻躬之不逮，耻于未言之先也。耻于未言之先，则不敢易其言，自必力于行矣。

　　父母未没，言行常体父母之心；父母既没，言行不逆父母之志，方谓之孝。

　　立言与听言不同：立言者，必己有是德，而后可以有是言；听言但取其有益于我，即可从之，不必问其德行之有无也。

　　今人气质偏处，往往终身不变，非不能变，不欲变也。平日果能就其偏处，深自刻责，临事留心，力加矫变，气质欲动，强制而不使动，如是久之，渐近自然，而何不可变之有？

　　善听言者，虽里歌巷谣，皆可为身心之益；不善听言者，虽圣经贤传，无足为修身之助。

　　日间照应诸事，心有存时，心存则至俗之事皆有道义在。

　　为官者须勤恤民隐。自图安逸，则民必受无穷之害。

　　事图便己者，当下觉得便宜，总算来大不便宜。人即不识道义，独不识利害乎？稍知利害，亦可以止其便己之私矣。

　　李生来，与之言："为学当暗修，不可驰于声利。今之驰于声利者，皆自丧其身者也。"

　　为善去恶，平时立志甚坚，匆遽之际，往往忽不及详。非有意于不诚，而已陷于不诚矣。

凡事任意而行,即是无忌惮之小人。

便己之私,忽遏而忽发;好善之念,若存而若亡。

常以忿怒过节,忽忘不免为戒,默自检点,仍是犯此二病为多,盖由于存养之未密也。存养欲密,必时时敬畏方可。有一刻不敬,则此二病发于不自觉矣。

《嵩谈录》,上蔡张起庵所著。汤文正公五世孙若寿以为文正公所著,刊行于世,余既已详辨之矣。其五世孙若轼者,复以《困学录》一册示柘城令周联登,云是公所著。周遂序而刊之,附于今世所行《潜庵遗稿》之后,中凡语录六十六则。按公子溥刻公遗稿,田箕山评定,其子溥刻之,河南巡抚阎兴邦重刻之。载语录二十三则。崇明令王似斋刻《汤子遗书》,增多语录七十二则。两次搜罗,既已靡遗,田箕山《署窗偶述》云:"有刻《潜庵集》于姑苏者,通书其家,索公讲学诸语,且曰:'即评题之在简帙者,亦无妨录寄。'公子溥答曰:'先君子生平读书,虽翻阅吟诵至于烂熟,未尝轻著一字。'可见公立言甚简,未必有不传之语也。"不应百余年后更有遗言复出也。且细按其语,多前人所已言。其有显证者,如"涵养是主人"节,是陆象山语。"只大公了"二句,此二句与"动时只是发挥不尽"相连。按其文义,绝不相蒙,当另是一节。是吕新吾《呻吟语》。"满天地是生物之心"节、"仁道至大"节、"活泼泼地"节、"余思仁数日"节、"知觉不可以言仁"节、"仁则满腔子是恻隐之心"节、"无我则内外合"节、"天地以生物为心"节、"充满天地"节、"心中无一物"节、"人恻然慈良之心"节、"天理浩浩"节、"心者气之灵"节,皆薛文清公《读书录》。其他四十余则,虽无考证,然以理度之,知亦必为先儒之语也。文正取先儒之语,录而存之,以为观省之助,原非文正所自著,岂可以为文正之语乎? 辨而正之,亦吾人实事求是之一道也。

《汤文正公行述》云:"公在林下日,人或劝之著书者,曰:'学贵日新,今之所是,异日未必不以为非,何敢妄为?'及再仕,虽欲为之而不暇也,故著书最少。所著有《洛学编》二卷、今刊本四卷。《补睢州志》五卷、诗文二百余首、即今世所行《潜庵遗稿》。《公移条约》十余卷,今世所行《汤子遗书》卷九、卷十、卷十一,皆公移告谕,盖约而存之。《明史稿》若干卷。今刊本二十卷。"《行述》为公子溥、准等所述,所纪言行,皆得之亲承。如有《困学录》,则必附其名于《行述》之末矣。公子不言,而数世后言之,岂可信乎?

古人于极盛之时,犹存退让之心;今人于将衰之时,故作满盈之状。非不暂荣,而其败可立见矣。

汤文正公天资极高,所守极正。观其年谱,直是无一事放过,所以卒成大贤。

昨日门人属余向他人言事,继思之,言之似未合理。今日门人来,谓之曰:"前日所言之事,以不言为是。盖吾辈一言一行,要以正理为主,凡邀誉避谤之心,俱不可存于胸中,若稍有周旋人之心,便与正理不合也。"

古人处危疑之地,而持正不回,岂不知有祸患哉?盖道心重,则虑患之心自轻也。吾人遇此等事,宜置祸福于度外,着脚一错,万事瓦解。

观喜怒哀乐未发气象,可以识性。

"喜怒哀乐之未发"节,非言功夫,功夫在下节"致"字。

或问:汤文正公著《志学会约》,谆谆于讲学。及抚吴时,闻有当事登坛讲学者,慨然语门人范景曰:"学当躬行实践,不在乎讲。讲则必有异同,有异同便是门户争端。"一人之言,而前后不同,何如?余按《志学会约》所言,是为学正轨。与门人范景语,盖为借讲学以树声名者言之。公抚吴时,于明伦堂讲《孝经》《小学》,令众人环听。非不讲学者,但不肯如他人箕敛民财,营构书院,以为声誉地耳。

读《汤文正公年谱》,见其遇事以正自守,绝无委曲迁就之意,心甚企慕,急欲学之。数日之间,默自检察,自便之心仍不能除。可见务决去而求必得,以自快足于己,非一蹴可至也。

汤文正公言:"人家旧守家风,本无他事,乃忽动念为改观之事。令女子读书习字,妄念一起,后患即伏。"余按文正此言,盖为不守家风、动念改观者痛下箴砭，非谓女子必不可读书也。若执定此言，则古来所传《女训》诸书皆可废矣，岂通论乎？

贫贱不以道得，拿定不去主意，便是安心良法。

人常存随遇而安之心，省却多少烦恼、无数葛藤。

九月初六日早间，有避谤之心，故言词有费周旋之处。若不加遏制，必至忘己徇人，处处讨好而后已。盖发不以正者，流弊将无所不至也。

九月十二日午饭，因责家人，不觉食多了。一事心不存，一事即不得其宜，可见存心为应事之本。

平日虽知向善，及临事涉想，常存怕吃亏之心。怕吃亏，则必求占便宜，而意之向善者不笃矣。以后须斩断此等念头，方可言学。

安居无事，心中尚属平静，一有事来，心境便为所扰，而发之于外者，不免脚忙手乱矣。此盖由治心功疏，故动静不能如一。若能常存敬畏则心存，心存自不为事物所胜。

《复李又哲书》云："吾辈为学，须刊落声华，专从一念独知中默自察勘，私则克治，理则扩充，久之自有归根复性之日。若徒装点门面，断不济事。"

凡事不计得失，朴实头做将去，所谓正其谊不谋其利，明其道不计其功也。一有谋利计功之心，则正谊明道之事必不能尽。

遇事私欲发动，由涵养功疏。朝夕涵养，私欲自少。

好事不可，厌事亦不可。随分限应之，自有适中之道。

桐城张舜卿，名承华，著《格物说》，谓朱子训"格"为"至"，不若整庵"通彻无间"之意，于义为长。按罗整庵《困知记》云："格物之格，是通彻无间之意。盖工夫至到，则通彻无间。"其训"通彻无间"也，指物既格而言也。若言其用力之处，仍以"至""到"为训，与朱子章句无异，岂可置优劣于其间乎？

天理虽人所固有，无私意始能体认出来，有私意则天理为私意所蒙蔽，而体认不出矣。

　　与忠厚人交，能养自己的忠厚；与儇薄人交，亦长自己的儇薄。人之常也。惟与儇薄人交，仍以忠厚之道待之，方是君子家法。

　　事前详细谨慎，始免事后之悔。

　　治生则私欲易蔽，寡营则天理易明。

　　作事有天理发见，忽被私欲蒙蔽。认真而行，天理仍复发见，一迟疑则理为欲夺矣。

　　中之所存者为天理，见之于事，更能斟酌恰好，方免尤悔。若中之所存者为私欲，即外面强事弥缝，而人亦有窃议其后者矣。

　　少有好名之心，必致多出事来，事多则尤悔易生。

　　门人来送日程，谓之曰："汝写日程以纪过失，断不可徒以纪载了事。须举平日所易犯之过，尽力改易，方不负纪过之心。若无事时自知省察，有事时与俗人一样，何苦多此一事？"

　　孔子戒巧言，今人专以言语尖巧为得意，吾不知其心为何心也。

　　人之持身，不可一刻离却"正"字。离了一刻，便无事不可为。

　　司马温公曰："某视地然后敢行，顿足然后敢立。"朱子《敬斋箴》曰："择地而蹈，折旋蚁封。"先贤用心敬谨如此。今人任意而行，不知检束，视先贤之心，真有天渊之别。

　　陆放翁诗云："得道如良贾，深藏要若虚。"自满者宜常诵此语。

　　名器慎重，郅隆之本；官爵冒滥，衰亡之由。

　　专为己私者，不可与共事。

　　人皆以金玉充盈为富，而不知蓄道德、能文章，乃为真富也；人皆以高爵厚禄为贵，而不知行足师、言可法乃为真贵也。知富贵在此而不在彼，日用之间，庶不迷于所往矣。

　　己求于人，当思孔子雨盖不假之情；人求于己，当体子路车裘与共之意。如此则两得之矣。

　　言者心之声，贤与奸每有不能相假者。曹孟德曰："宁我负人，勿人负我。"吕原明《书壁自警》曰："宁人负我，勿我负人。"观其所言，可以各见其心矣。

恻隐、羞恶、辞让、是非,虽皆本心所固有,然非致知格物,求合于天理之自然,则四者之发,必有不能恰得其正者。惟平日讲究讨论,务极其至,则发于情者,始能各中其节。

周、程、张、朱为孔、孟嫡传,所言句句与孔、孟同,而论近世学问规模病痛,尤为亲切。故由周、程以上溯孔、孟,自是为学正路。谢退谷《教谕语》乃谓:"孔、曾、思、孟之言卑近,人人可读,便人人可用力为之;周、程、张、朱之言甚高,从之却难。"将周程、孔孟之言看作两样,吾不知其何说也。

计较之心熟,遇事便发。究其病源,总由于不能视人犹己,能存万物一体之怀,则此病自不发矣。

性即理也,天下无一物不有性,即无一物不有理,故必明乎性之自然,乃能得乎理之本然。若讲学而不言性,如水之无源、木之无本,成何学问?

自忖每日应事,合宜有几时,不合宜有几时,便知心之存亡,分数多寡。

一时照管不到,便气质用事,安可不时时留心?

仲长统《乐志论》,求乐于境者也。求乐于境,则境之善者乐,境之不善者不乐矣。若圣贤之真乐,则由不愧不怍而生。心无愧怍,胸怀坦荡,富贵贫贱,一任其境之所值,又何羡乎良田广宅与夫舟车使令之适哉?

东汉王彦方贻盗牛者布,而其人感悟,至于改行易操。夫人至为盗,天良已尽矣,而犹有存焉者,一为感触而天良出焉。若人未至为盗,其天良未必尽澌灭也。倘能感发,其兴起不尤易乎? 甚矣,人不可自弃,旁观亦不可弃人也。

程瑶田《刻小名千儿印章记》云:"余小名千儿,父母命之、朝夕呼之者也。自兰陔辍养,蓼莪废读以来,'千儿'之声,时时若或闻之,而实则谁其呼之? 哀哀父母,生我劬劳,而至于今,'千儿'之呼,已不可得而闻之也。"源生幼名东海,我母时时呼之。今我母见背,"海儿"之呼,时时若或闻之,而实则无人呼之。读程先生此文,不禁涕零。

　　有人来言,某人病又作,由于不知畏慎。余谓不知畏慎,则事必败。凡事皆然,不独疾病。人能常以畏慎存心,始可为保家之主矣。

　　程子《定性书》曰:"七情之易发而难治者,惟怒为甚。"然怒虽难治,却不可不治。发而不治,必至燎原。惟猛克己私以治之,则易发者便有挽回之势。

　　余最爱"静而常觉,动而常止"二语。动静常如此,则动静皆得其正矣。此卷咸丰五年正月起,至十一月止。

卷　九

政得人而始行，故治国以择人为先。

遇事心多恐惧者，由系恋身家之念太重。能将身家看轻，则心无系累，遇事自能坦然矣。

某甲爱某乙之文艺，与之订交。其后某乙所为不善，累及某甲。盖订交宜以道义为主，徒以文艺，则订交之本已失，宜后日之受其累也。

制行宜严，择交宜慎。

黄瑜《双槐岁钞》云："仁庙在冬驾，一日侍侧，上问：'今日说何书？'以《论语》'和同'章对。因问：'何以君子难进易退，小人易进难退？'对曰：'小人逞才而无耻，君子守道而无欲。'又问：'小人之势长胜，何也？'对曰：'此系乎上之人好恶，如明主在上，必君子胜矣。'又问：'明主在上，都不用小人乎？'曰：'小人果有才不可弃者，须常警饬之，不使有过可也。'"源生按此语于贤否之辨、统御之方，辨悉至精。《明史·仁宗本纪》失载，故表而出之。

黄瑜《双槐岁钞》云："薛文清公为御史，巡按山东，建言谓内外风宪，缄默不言。顾都宪佐恶之。后公考满，顾署下下不称职，坐是不得进阶及封赠父母。"源生按《明史》列传，顾佐为都御史时，文清公适为御史。而其为御史也，巡按湖南，非巡按山东。迨正统初，文清公升山东提学金事，顾公已去位矣。《岁钞》所纪文清历官岁月，与年谱不合，恐所纪顾公恶文清之事，亦未必得实也。

经济必本于道德，不本于道德，则经济皆属计功谋利之私；气节必出于涵养，不出于涵养，则气节将有矜己凌人之概。

某人行险致败，人皆惊讶。余谓行险而不败者，固有之矣；行险而败，理之常也。天行乎理之常，人讶为事之变。然则必使残贼狡险者皆有得无失，乃为理之常乎？必不然矣。

有万物一体之心，然后能使天下各得其所。若有自私自利之心，则父母兄弟之间且有不相得者，况天下乎？

居位愈高，所临之人愈众，倍加小心，犹恐不能统御。若挟势位以为惟所欲为，祸不旋踵矣。

心中狭隘，则刻薄之念是已。非人之念，不觉循环而生。须令胸怀宽广，应事方能平恕。

隐恶扬善，俱指问察之言说。若是所行之善恶，舜居九五之尊，操赏罚之权，如四凶则诛之，岂可隐乎？如八元则举之，岂徒扬乎？

凡事谨慎小心，不忽于微，大者庶可无悔。若小事放胆做，激成大事，必致费力挽回。

会课日，谓门人曰："吾人处事交人，宜各尽其道，不留一毫缺陷方是。诸生从吾游久矣，长其善，救其失，谆谆竭无己之心，此吾所当尽于诸生者也。无犯无隐，此诸生所当尽于吾者也。稍有未尽，便是缺陷，各宜努力，勿遗后悔。"

躁动者多失，安静者寡悔。

人有欺己者，初闻之怒，继而思之，此是己之才短，非人之善欺，当以此自反，不可以怒人也。

人誉己善，往往是假；人责己过，往往是真。人乃不信其真，而信其假者，惑之甚矣。

人安本分，则思自清，事自简。其多思多事者，大约皆不安本分者也。

严以责己，宽以待人，进德要（缺）[决]。

赵清献公日有所为，夜必焚香告天，人问之，公曰："上帝苍苍冥冥，吾安能必达？但以深自防检，庶几知所畏惧。"吾人日日省察过失，登记于册，亦犹清献之意耳。

　　萧省身能容人过,而不肯自容己过。每有小失,辄赧然面赤,即改图焉。如此刻励,德自日进。若专思人过,则于自己身上必然阔略矣,安望进德耶?

　　一时点检少疏,则喜怒之发,即不能中节。

　　应事接物,极知用意斟酌,尚恐不得其平。

　　灯下看唐狄仁杰等传,见古人尽忠国家,皆置祸福死生于度外,稍存计较之心,即不能成功矣。

　　李二曲《授受纪要》云:"日用之间,以寡欲正心为主,以不愧天为本。欲不止于声色货利,凡名心、胜心、矜心、执心、人我心,皆欲也。寡而又寡,自念虑之萌,以至言动之著,务纯乎天理,无一毫夹杂,方始不愧于天。"源生按二曲之言,最足警醒人心。人能如此用功,自渐臻纯粹之域。

　　小人不可与共事,与之共事,当时虽赖其力,异日必受其累。《易》曰:"开国承家,小人勿用。"盖虑之于早也。

　　余夜多游梦,且有夜之所梦,非昼之所为者,欲遏止之而无其术。贾谊《新书》述晋文公之言曰:"天子梦恶则修道,诸侯梦恶则修官,庶人梦恶则修身。"可见欲遏梦,惟在自正其心耳。心不正,恶梦必不能除。

　　听人之言,可以知人之心。专言势利者,其人皆属小人;专言道义者,其人多属君子。

　　常恐事有错误处,尚是好消息。

　　常体贴他人心事,便有几分恕道。

　　每日言行,未有不发于心者。辨别所言所行之由,是理是欲,是最紧要功夫。

　　办事有厌烦心,便不能行所无事。

　　有一点不平心,做出事来,便不合道理。须预先克去,勿令滋蔓。

　　胸中有占便宜心,宜急克去,不可存留姑容,姑容必有发出之时。

　　人待我不善,仍以公平心待之,方合正理。一不平,是人错而我亦错矣。

宽缓和平，载福之器；急躁褊浅，偾事之由。

君子之道，吃亏而已矣；小人之道，占便宜而已矣；君子小人之分，善与利之间而已矣。

好而不知其恶，恶而不知其美，用人所以不得其当。

遇事不论是非，只论便己与不便己，所以终日讲学，所行与流俗人无异。

不敢存一毫非礼之思，不敢行一毫非礼之事，战战兢兢，以此自持所行，庶免堕落耳。

应事待人，往往有刚强不屈之心。刚强不屈，固胜于委靡不振，然刚而以从容出之，岂不尤为至善乎？

私欲难克，须用力克去，勿令松懈。

读经书及先儒语录，须句句返之身心，力求有益。若专欲博览，便是玩物丧志。

真西山先生直经筵，上疏曰："惟学可以明此心，惟敬可以存此心，惟亲君子可以维持此心。"甚得为学要领，吾人所宜服膺而勿失也。

自省言语间时露矜气，须逐渐消磨。

不正己而责人，人必反唇相讥。

门人云："出门所见，皆非礼非义之事，心甚恶之。"余谓："恶他人非礼，不若自省己之非礼，尤为切近也。"

既已知之，自宜守之。若知及而仁不能守，则知为徒知，久之并所知者而亦亡矣，可不戒哉！

舜为法于天下，可传于后世；我犹未免为乡人也，是则可忧也。时时以此自责，庶几有进。

崔后渠士翼曰："觉心之放即求也，知我之病即药也，矜己之是即非也，妒人之长即短也。"语语有味，录以自镜。

正人宜亲，小人亦不可不防。防小人无别法，惟以礼自处，勿轻与为缘而已。

平日口谈道理，临事全用不上。如此读书，终身无济。

事必斟酌而后行，言必斟酌而后出，一涉卤莽，必致偾事。

虽有善法，必得善人以行之，方能有济。若善法而以恶人行之，则善事皆成恶事矣。操权者曷审诸迷室之内，常若有帝天之临，安敢有一时放逸？

行有不得，反求诸己，求诸己则所行皆得矣。不得而怨天尤人，夫岂反己之道乎？

人须克去自私自利之心，充万物一体之意。如切实劝人改过，即万物一体意也。如无一体之意，则彼自彼，我自我，安能发此切实之言乎？

昨日处一事，恐无以对某人，因委曲变易其词。今日思之，无以对人其过小，委曲变易其词其过大。且恐无以对某人，因直述于某人，其过既昭，其心可原；若委曲弥缝其过，己既不直，人知之未有不怨者。以后遇事，务以正直行之，不可迁就也。

每日遇事，皆据正理行之，不肯一毫放过，方为真实学问。

安常无事，见理甚明，利害当前，其心转昏。盖由利害之念横于中，故知有利害而不知有理也。此须痛加克治，方可望圣贤门庭。

日在流俗圈套中，不见长进，心甚愧愤。

叶氏《近思录》注曰："立志不刚不大，则义理不足以胜气质之锢蔽，学力不足以移习俗之缠绕。"余立志不能刚大，锢蔽缠绕，皆不能免。若立志刚大，何忧气质之锢蔽、习俗之缠绕乎？

每日从心上用功，更从事上用功，内外交治，庶无大错误处。

一念发动，便要省察善恶，此用功最先处。

司马温公尝言："吾无过人者，但平生所为，无事不可对人言耳。"盖公行事以理自持，无事不合理，故无事不可对人言。若行事不合理，而犹侈口对人言，此乃无忌惮之小人，岂可与公同论乎？

与人共事，欲自己占便宜，则人必吃亏。自己占便宜而人吃亏，自以为有益于己,而不知己之天理已损矣。得财利而失天理,岂自修之道乎?

凡处一事只可令己知,不可令人知,便是不能慎其独。

看《人谱类记·知几》篇,看时甚觉有益,放下又忘了。须使此理烂熟,常著于心胸之间,自可取之左右逢其源也。

人皆言不动心,特未处危迫之地耳。唐甄济隐青岩山中。安禄山叛,封刃召济。济噤闭无言,延颈承刃,气和色定,若甘心然。程伊川渡江,舟几覆,人皆号泣,伊川独危坐如常人。能如此,方可言遇大事而不惊,履危险而不变。

会课日,谓同人曰:"近日过端丛集,有隐于心者,有见于事者。克治虽在自己,规戒实赖同人。惟望切实说出,勿为隐讳,勿为原谅,则闻过而改,即受同人之赐矣。"

无人敢说自己不是,则心中幸己过不闻于人,暂可自安,而警惕之心寡矣。若常闻自己不是,则心中警惕恐惧,自然不敢放逸。吾辈急于进德,自以喜闻过为第一要着。

人之气质,有失之刚者,有失之柔者,中和最难。能用变化之功,使刚者不过于刚,柔者不过于柔,方见学问。

会课日,谓门人曰:"孟子谓吾身不能居仁由义,谓之自弃。吾辈试自省察,果居仁由义乎?抑窃其似而未尽其实乎?如未能事事尽其实,则阳自励而阴自弃,终为小人之归而已矣。吾辈会课讲学,岂甘以自弃终乎?各宜猛省。"

昨有人以珍玩求售,余见之,心有动意,继知其来历不明,却之。盖其物不可光明昭示于人,即不可买,岂可因便易而苟且将就也?

不能行者勿轻言,凡所言者必力行,此为言行相顾之法。

管幼安轩冕不顾,华子鱼废书出看。吾人遇势利当前,宜学管幼安,不宜学华子鱼。若学华子鱼,则充此慕势利之心,将来必无所不至。

闻他人议己,辄自回护,如是则不能自见其过,安望内自讼?须是真见己过，深自惩创，方为能见其过而内自讼。

一偏则处事必不得其平，人心必不服。

责让家人，心怒。继思之，尽可从容讲说，无容过怒也。语云："孔子家儿不知怒。"今年逾五十，犹不如孔氏儿，可愧甚矣。

方寸内常战战兢兢，是存心之法。

"诚意"章之"欺"字，"正心"章之"所"字，"修身"章之"辟"字，皆足为诚意、正心、修身之累。宜常自检察，看仍蹈此弊否。一时偶疏，则诸弊发于不自觉矣。

世之求神者，欲以祈福免祸。其实事有前定，欲祈福而福不能祈，欲免祸而祸不能免，徒自累其行止耳。

用情恰当其可，便是中道，过与不及皆病也。

见理不明，临事迟疑，不能决断，往往事机错过，致贻后悔。若穷理有素，则事到面前，依理断制，何致当机错过，事后贻悔？

看《人谱》，见古人卓绝之行，皆因胸无私欲，故能成就。若有私欲，则见之于事者，便不足色矣。

吾人宜穷达一致，始终一节。若屈节于穷居之时，而欲伸节于行道之日，势必不能。

貌怠者心必肆，念杂者德不纯。

君子行事，如青天白日，人人共见。若藏头盖尾，定是小人行径。

不可告人之心勿存，不可告人之话勿说，不可告人之事勿行。

时时在心上用功，道心虽微，可望扩充。遇事任心而行，不事检束，则人心之危，坠于万丈深渊矣。

新郑刘屺南侍御，葬亲不用乐，以素馔待客。于风俗波靡中，而能敦崇古礼，可谓有毅力。

《菜根（谈）[谭]》云："念头起处，才觉向欲路上去，便挽从理路上来，一起便觉，一觉便转，此是转祸为福、起死回生关头，切莫当面错过。"此言有益于身心，故记于册，以资省览。

魏胡质，清畏人知。不将自己好处表暴于人，便是畏人知。

行事巧诈者,自以为知。若以理论之,不知保全天良,令其灭没殆尽,真大愚也。

凡事听之于天,不可以人意安排,但自己性分职分上道理却要尽。

大事宜依正理行,小事亦宜依正理行。盖事有大小,理无大小也。若小事不依正理行,而谓待大事来方依正理行,其谁信之?

事之无害于义者,从俗可也。若有害于义,必不可从。吾人遇事,当视义为从违,不可视流俗为行止。

克己私宜勇,稍有依恋,便不能决然舍去。吕泾野先生云:"须于意所便安处,一刀两断。"加此勇决,方能有济。

吾人立志向善,由此加功读书培养,则志气益振,向善必笃。若不立志向善,纵读破万卷,皆是口耳之谈,与身心无分毫之益。

说闲话由于心不静。

看他人事道理分明,以无己也;处自己事糊涂,以有己也。吾人遇事,宜将自己置在一旁,看道理该如何做便做,则不为私欲所牵制矣。

处极小之事,皆宜经心,不使少有错误,错了不有内患,必有外侮。

口语多,躬行少。此学者之大病。

吾人存心行事,稍不合理,问之方寸,未有不知者。既已知之,即宜改之,安可苟且自宽,以遗后悔?

闲坐思己德所以不进,由于闲思熟,天理生。即知向理路上去,又不精不专,所以悠忽度日,绝无长进。今欲前进,亦无别法,惟有时时存正理、行正事,不使少有邪曲。高明之域,庶几可望,否则危矣。

同一言也,发之须当其时,先与后皆病也;同一行也,行之宜当其可,过与不及皆病也。知先与后之为病,则必斟酌而当其时矣;知过与不及之为病,则必辨别而当其可矣。

与人,共事宜让;善于人,事乃可成。若相争而不相让,则嫌隙必因之而起矣。

五月初四日，有人窃从弟之麦者，从弟稍加斥责，其人即来侵侮，里中调处，不能持平。余劝从弟屈意容忍，不事报复。次日夜里，甲因他事饮鸦片烟死。使昨日稍以言语相加，今日必不能超然议论之外矣。可见容忍有无限好处，人苦临时看不破耳。

古人云："窒欲如填壑。"功夫须四面周匝，中边皆实，稍有罅漏，便走了。

古者学成于己，而后可仕以行其学。若未学而仕，犹未能操刀而使割也，其伤实多。昨闻某人自言善教人为官，而未尝教人以修齐治平之学。学之未成，则其为官俗吏也。俗吏而操政柄，不惟无以及人，其不至颠覆其身也几希。

处事须得其平，此重则彼轻，此轻则彼重，权衡均平，人自无怨。

秦人以诈力得天下，故二世而亡。今人以诈力起家者，岂能久乎？

江天一谓闵遵古曰："吾党立身如处女，处女失节，无贤愚皆贱之。若诵服圣贤而见利则迁，临死生丧其守，可贱孰甚！世奈何苛巾帼而宽须眉丈夫哉！"此语足为吾辈箴砭，宜铭诸座右。

有妄心，必有妄事。当妄思起时，能力加遏绝，则妄事可免矣。

逐日记言记动，有过必书，此学者切要工夫。若行事不可告人，不书于册，则以掩着为心。纵他事记得极详密，终归无济。

善听言者，闻人说他人不是，便言下有省；不善听言者，人即直说，自己尚不觉悟，甚且发怒焉。德之进退，身之成败，全系乎此，听言者可不惧哉！

开卷见古人行事卓绝，自觉不能企及，须思所以不能企及之故。知其故而不敢安于此，则渐有望矣。

其人无才，而任之以事。任之者，重之也。重之而不胜其任，则重之适所以害之。操用人之权者，不可不知。

人当得意之时，当倍加敬慎，不可有一毫自喜之心。一有自喜之心，则矜肆之情形流露于不觉矣。

人无不自言其居心公正者，临事却不免有私曲。吾辈既于平时讲求，更于临时用力，庶免私曲之诮。

人争而我让，可以省无穷烦恼。

心清则易见道理，心昏便不见道理。故养心为要。

前日雨雪，今日泥潦载途，少不经意，即失足倒地，故行路慎之又慎。人能常常如此，庶乎其鲜失矣。

人之一心，用之于道义则正，用之于声名利禄则邪。正则日进于高明，邪则日趋于污下。其始只争一念，而其继有天渊之别，可不慎哉！

事至面前，宜熟思而审处之。一猛做出，难保无错。

与人共事，只想自己，不想旁人，人必不服。须想想自己，又想想旁人，如此做出，庶几人心服而无怨。卷首三十八则，咸丰六年记。以下八十八则，咸丰七年记。

卷　十

今人皆欲以诗名、以文名、以书名。然必实行克敦，后人方宝而重之；若实行弗敦，则见其诗文字画，且唾弃之矣。欧阳公《笔说》云："颜鲁公书虽不佳，后世见者必宝也。杨凝式以直言谏其父，其节见于艰危。李建中清慎温雅，爱其书者兼取其人也。"人安可不敦实行，而徒恃艺以博名哉！

欧阳公《笔说》云："不寓心于物者，至人也；寓心于有益者，君子也；寓于伐性汩情而为害者，愚惑之人也。"源生性喜观书，起居寝兴，皆在于斯。虽不能以此求贤哲之道，而广闻见，资劝戒，尚不至伐性而汩情。所谓寓心于有益者，庶乎近之尔。

自今为始，誓欲去人欲，存天理，以复己性，否则不可以为人矣。

卤莽则多错，详审则寡悔。

遇事逆于心，且勿遽然发出，发之过当，多遗后悔，处事者不可不知。

人皆自言其明智，心一有所偏，明智不知何处去了。可见人欲坐照如神，必先公其心而后可。

公生明，偏生蔽。

做本分人，行本分事。

程子曰："见不贤而内自省，盖莫不在己。"不内省，看不出自家不是；一自省，直觉浑身都是罪过，无地可以自容。

知得此道是自家的，自然不肯歇手。

人之于道，如饥之需食、寒之需衣，一刻离了不得。一刻离了，便不可以为人。

根脚不定者，遇事变而必摇。

应客时，心一不存，则客所言之事，便不能知其曲折，可见存心为应事之本。

一日饭时，家人言语触余之怒，继思彼之言虽可怒，而食时不可怒。忘食而怒，是心之精明为怒气所蔽也。然不转瞬已自知之，知之而怒已发出，悔无及矣。书以志过。

敦崇古道，力挽颓风，今日之急务也。

己与众人共为一事，人人各有所见，不能尽同；人人各执所见，必致抵忤而事难成。我预先斟酌事理，临时又与众人从容商量，合众人之见以为见，而不肯直行己志。如此和协，庶几人心悦服，可无阻滞。

能包容人，便得处众之道。

人以非理之事相干，须拿定主意，不可曲从。又有事在似理非理之间，而一入其中，异日必牵连不已者，亦宜及早谢绝。

凡事以敬为主，敬则心存，心存则做出事来，不致猛浪。

知自己偏在何处，即从何处力加矫变，是克己之良法。

遇事心动者，往往丧其所守，不可不慎。

每日存理遏欲，做身心切实功夫，不可少有程效计功之思。一有斯思，则存遏之功疏矣。

每日有应做之事，依理做去，不少亏歉，尽其职分之所当为，斯能完其性分之所固有矣。

见理不明者，往往遇事糊涂，及行错了，却又后悔。然事后知悔，犹可言也；若自执为是，终身不悟其非，吾莫如之何矣。

仁以育之，义以止之，治国之要道也。治家亦然。

专求便己者，必不能推己以及人。

反身而诚，行道而有得于心也。行道而有得，则仰不愧、俯不怍，何乐如之？

天下之理，皆具于吾性分之内。人能实有斯理于己，斯能全其性分之所固有矣。

推己及人，恕也。己心未能推己及人，务要勉强行将去。始而勉强，久而自然，恕自可渐进于仁矣。

闲思杂虑，欲驱除之而未能。若中存敬慎，自能作得主宰，虽不必驱除闲思，而闲思自寡矣。

饭后，携群儿闲步，见群雀集于庭中。余谓之曰："世之小儿，皆欲设机获雀，以资戏笑，是耶？非耶？"群儿曰："人不愿被人擒获，物岂愿被人擒获？"余告之曰："此推己以度物也。充此心而勿失，而恕不可胜用矣。"

颜子有善而不伐，有劳而不施。今之人无善而强著其善，无劳而自称其劳，其虚骄之气，不惟为颜子所不许，将为天下所窃笑矣。

教小儿读书，放松不得，着急不得。常常心在于此，而又不缓不急。孟子曰："必有事焉而勿正，心勿忘，勿助长。"正是教读良法。

仪狄作酒，禹饮而甘之，曰："后世必有以酒亡其国者。"遂疏仪狄而绝旨酒。夫不知其甘而绝之，常人之所能也；知其甘而绝之，则是本天理以制人欲，非圣人不能也。后世之人，一染于私欲，遂至沉溺反覆，终其身不能拔出苦海之外，闻大禹之风，亦可知愧矣。

吾人遇事，能置祸福荣辱于度外，方可望临难死义。若遇些小利害，忽秦忽楚，不能自坚其守，则临难之时可知矣。

尧舜性之也，犹必兢兢焉，业业焉，不敢一时失坠。彼学知困知者，其用功更当何如耶？

讲论明，则行之必力。日日讲论，则日日心中警惕，不合道义之事，必不敢为矣。谁谓讲论之无益乎？

事有正理，自己不依；正理行偏，任己私为之；及事已做错，又说出所以不得不然之故。文过饰非，无可救药矣。

今人即有志于学，而其居心行事，仍从得失利害上起见，所以遇事牵制，不能自行其志。观夫子权食信之去，曰去食；孟子论瞽瞍杀人之事，以为皋陶执之而已矣；舜窃负而逃，遵海滨而处，终身诉然，乐而忘天下。其心之所存，皆任乎天理之本然，而不杂以计较利害之私。如此处事，可以斩断无限葛藤。

有友人自言其待人之善。自言其善，则其善小矣。须含蓄而不露，方见其大。

遇事起手做错，即极力挽回，极力补救，终难尽美尽善，故学贵慎始。

自己存心不求利，思及他人得利事，忽生羡慕之心，若不克治，必致发见于外。

他人有过，自己能见得；自己有过，自己不能见得。何也？以责人严而责己宽也。责人严，则人必怨；责己宽，则身不修。惟于人有过，略而原之；于自己有过，怨艾愧悔，若不可一日容。如此，则两得之矣。

以戒惧存心，以平恕待人，庶乎其鲜失矣。

今日吾邑风俗，奢靡已极。欲禁奢靡，先正人心。人心正，则奢靡息矣。

当众尚争竞之日，吾人宜以退让为主，不惟名利，即事功亦然。盖事功虽是有济于世，有益于人，非名利可比，而一萌进取之心，则事求可，功求成，其中迁就委曲必有不合道理之处。孟子以枉尺直寻为不可，岂专指不见诸侯一事哉？

太史公《十二诸侯年表》曰："周道缺，诗人本之衽席，《关雎》作。"扬雄曰："周康之时《关雎》作。"《汉书·杜钦传》曰："佩玉宴鸣，《关雎》叹之。"瓒曰："此鲁诗也。"《后汉书·明帝诏》曰："昔应门失守，《关雎》刺世。"章怀注引《春秋说题辞》曰："人主不正，应门失守，故歌《关雎》以感之。"宋均注曰："应门，听政之处也。言不以政事为务，则有宣淫之心。《关雎》乐而不淫，思得贤人与之共化，修应门之政者也。"薛君《韩诗章句》曰："诗人言雎鸠贞洁慎匹，以声相求，隐蔽于无人之处。故人君退朝，入于私宫，后妃御见有度，应门击柝，鼓人上堂，退反宴处，体安志明。今时大人内倾于色，贤人见其萌，故咏《关雎》说淑人正容仪以刺时。"张超《诮青衣赋》曰："周渐将衰，康王宴起。毕公喟然，深思古道。感彼《关雎》，德不双侣。但愿周公，妃以窈窕。防微消渐，讽谕君父。孔氏大之，列冠篇首。"源生按以上数说，皆与毛、郑异。然观《杜钦传》《明帝诏》《春秋说题辞》、宋均、薛君之意，皆指歌咏其诗者，非谓康王时始有《关雎》之诗也。即张超赋深思古道，感彼《关雎》，亦与杜钦诸人同。惟司马迁、扬雄二家直指为康王之世。夫《周南》为正风，其所咏歌形容，皆文王后妃之盛德。文王后妃之德，岂待刺康王而始见乎？且细味其诗，无借以讽人之意。若必执司马迁、扬雄之说，是《二南》之首已为变风矣，岂通论乎？

　　"游女"，朱传曰："江汉之俗，其女好游。"余谓既已被文王之化，则必变其好游之俗矣。若依然好游，而惟著其端庄之貌，令人见其不可求，夫何如不出之为愈乎？孔疏曰："执筐行馌，不得在室，故有出游之事。"斯言得之矣。

　　《乐记》云："武王伐纣，五成而分周公左，召公右。"《甘棠》诗言召伯，后儒遂据此以为当武王之世。不知二南皆文王之诗，美召伯即以美文王。观《诗》言"勿翦勿伐，召伯所茇"，盖听讼在文王之时，迨去既久，而人作诗以颂之，则当武王之世。武王即位，封周、召为二伯，故诗人即今日之官以美昔日之政耳。不然，文王未受命，召公何得以伯称乎！

　　陈启源《毛诗稽古编》，其中有最武断者，解《行露》章云："《韩诗外传》以为既许嫁，因礼不备而不行，是争聘财。聘财不足，始诺而终悔之，被文王之化者，当如是乎？"源生按《韩诗外传》云："夫行露之人许嫁矣，而未往也，见一物不具，一礼不备，守节贞理，守死不往，君子以为得妇道之宜。"刘子政《烈女传》云："《召南》申女许嫁于酆，夫家礼不备而欲迎之。女与其人言，以为夫妇者，人伦之始也，不可不正。"传曰："正其本则万物理，失之毫厘，差之千里。"是以本立而道生，源治而流清。故嫁娶者，所以传重承业，继续先祖，为宗庙主也。夫家轻礼违制，不可以行。遂不肯往。夫家讼之，为理致之于狱，女终以一物不具，一礼不备，守节持义，必死不往，而作诗曰："虽速我狱，室家不足。"观此，则女之所争者礼也，非财也。以守礼之故，至于致之狱而不悔，岂非被文王之化之明验乎？陈氏驳之，过矣。

《行露》首章是比体。杜预《左传》注云："喻违礼而行,必有污辱。"其义最长。《毛诗》作兴,朱子作赋,疑皆非是。

《摽梅》与《桃夭》相类:《桃夭》,婚姻以时也;《摽梅》,恐其不及时也;皆诗人叙述之词。若谓女子自言,安有被文王之化而作诗,令人取己者乎!言我者,诗人设为女家之词也。朱子《集传》言,求我之众士,必乘此吉日而来。如此汲汲求嫁,是《召南》已为变风矣。恐不其然。

《野有死麕》之首章曰:"有女怀春,吉士诱之。"毛苌曰:"怀,思也。诱,道也。"郑康成曰:"吉士使媒人道成之。"盖婚姻虽人之所怀,而必有礼以道之,方可成。潘叔恭谓:"美士以白茅包死麕,而诱怀春之女。"欧阳公谓:"诱为挑诱。"若然,则是《召南》之国,淫风流行,岂得云被文王之化乎?吕东莱《读诗记》驳之,是矣。

《旄邱》章:"何诞之节兮。"毛氏云:"诞,阔也。"朱传义同。罗端良《尔雅翼》云:"葛生山泽间,其葛延盛者,牵其首以至根,可二十步。"言虽同根一体,然相去差远,其缓急不能救也。以此兴起下二句,义最亲切,故录之以辅朱传之未逮焉。

诗人有忠厚和平之心,故有忠厚和平之词。吾人能日读《诗》以涵养性情,久之见于言者,亦将有忠厚和平之意,而暴戾之气渐消,则《诗》之益人大矣。

庚申十一月二十五日晨起,心甚清明,思已往之过,皆因得失关头,生迁就之思,未能一本乎理。又有虽本乎理而发之过当,不得其平,亦遗后来之悔。以后遇事,当置得失常变于度外,惟本正理以行之。其行之也,又几经斟酌,不失之过,不失之不及,庶几失之东隅者,可以收之桑榆矣。

命定于天者也,道尽于己者也。尽于己者即无亏,而天之吉凶祸福,更宜安心顺受,不可稍动于中。若因所遇不合遂动趋避之心,则命不能立,即道不能尽矣。

所遇不善,惟宜返己,不可怨天尤人。南国之小星,氾旁之滕女,尚知守分安命,不兴怨尤之思,况士君子乎?

庄姜不见答于庄公,及庄公卒,作送戴妫之诗曰:"先君之思,以勖寡人。"言念畴昔,绝不兴怨尤之思,居心和平如此,可谓贤夫人矣。

庚申十一月二十九日,大风严寒。余居密室中,闻街前乞丐声。因忆昔人闻丐诗曰:"忽闻贫者乞声哀,风雨更深去复来。多少豪家方夜饮,贪欢未许暂停杯。"思此而约己,施贫之念不觉油然生矣。

迩室所说之话,可使闻之通衢;在家所行之事,可以述之外人。此谓表里无伪,内外如一。若藏头露尾,言行不令人共见,则其中之所存者,概可知矣。

思某人近日所行之事,直是溃其防检,心甚怒之。继思某之行如此,己不可如此,是亦借鉴之道也。

对至亲至近之人,言语亦当谨慎,不可冲口而出。盖正身之道,无一时而可忽也。

以正持己,以恕接物。

常欲奋发有为,必做正人。未知见之于事,果能如其志否?

人心未尝不明,一为私欲所蔽,则妄念必生。克去私欲,则人心明而妄念息矣。

余尝见某县令,自负学问,而其言语动作,无一合道理者。盖其平日学问,皆为词章起见,未尝体之身心,故发之言动者,纯是气质用事。若真知向内用心,则见之言动,必有迥然不同者矣。

常存责己之心,则德自进。

庚申十二月初五日早食甚晏,气有馁意。孟子云:"志士不忘在沟壑。"即使数日不食,尚不可颓堕其志气,况片时乎? 思至此,志振而气亦不馁矣。

吾人身不强健,德不纯固,皆是私欲为之祟。李礼山云:"元气不足,遇寒则僵,遇暑则喘;道心不定,遇利则贪,遇害则怵。然欲元气足,道心定,遏欲是第一件功夫。"盖人能遏绝私欲,则身健道足,自不为外物所胜矣。

遇事思虑不可过甚,思虑过则疑惑起,反将道理看偏了。

凡事宜从容经理，不可过急。一日遇事有急，心一急，则言语之间有不得其平者矣。

吾人著一个"理"字，自然不敢胡乱做。

凡事皆有中道，偏则必有弊。不独富贵功名不可偏系，即仁义礼智是性之所固有，人之所当为，亦不可偏主于一。偏主于一，则知有此不知有彼，其见之于外，必有不得其平者。吾人为学，须将道理融会于胸中，临事又加斟酌，不令偏主于一，则所行可望得中矣。

子路惟恐己有过，又恐有过而不自知，故人告之则喜，盖喜其闻过而得改也。若自以为是，不知有过，又或明知有过，惟欲掩藏遮蔽，不令人知，此等人不愿改过，安能喜闻过？过不闻，则过日积而成恶，虽欲救之而不可得矣。哀哉！

吾人临财，只宜取其当得者，不当得者断不可取。非其义也，非其道也，禄之以天下弗顾也，系马千驷弗视也，而况区区微末者哉！

吾人观人，当观其心术，不当论其聪明。何也？人即极有聪明，而好名则心专于名，贪利则心专于利。聪明用于名利，则只知有名利，而正理看不见矣。天下安有不知正理之人，而尚望其有为者哉？

凡伦常间有难处者，惟宜自反自责，不可有怨尤之思。盖自反则人服，怨尤则人不服也。

人与人相接，而人不能无毁誉。毁誉于我何加损？视我所以处毁誉者何如耳。王荙亭《毁誉论》曰："誉而喜，毁而怒者，庸人也。誉弗居，毁弗校者，达人也。学人闻誉则加修其未至，闻毁预杜其将来。夫能加修其未至，预杜其将来，是毁誉皆有益于我也。"源生虽未至于达人，窃愿效夫学人。能效夫学人，自可渐进于达人，而岂肯置喜怒于其间哉！

今人皆能看出人家不是，看不出自家不是。看出人家不是，与己何益？看出自家不是，由知过以改过，方为有大益也。

培植善人，使善人得志，则善人所行之善，皆己之善也；培植恶人，使恶人得志，则恶人所作之恶，皆己之恶也。操拔擢之权者，尚其慎之哉！

枉己以徇人，欲有所为也。岂知己既枉矣，又焉能有所为乎？

《秦风》云："既见君子，并坐鼓瑟。"略名分而讲恩义，则豪杰乐为之用。秦之日盛，实由于此。

有人云："人待我好，我亦待他好；人待我不好，我亦待他不好。"余谓人好而我以好报之，当矣；人不好而我以不好报之，岂君子忠厚之道乎？必也人不好而我待之如常人，若不知常肆恶于我者，则以直报之，而理得其平矣。

今人为一事，动曰："我无所图，何惧人言？"不知己虽无所图，还看当理与不当理。若不当理，虽苦心劳力，人且有讥其非是者。必无私而又当理，方为尽善，方能人人皆服。

修齐为治平之本，道德实事功之原。事功原于道德，则本身出治，必有不同于流俗者。若事功不原于道德，则是无源之水，其流必涸；无根之木，其叶必瘁。虽欲敷布于世，其将何以为敷布乎？

蔡九峰作《书传》本之朱子。然于朱子未定之说，亦有不肯强同者。朱子曰："观戡黎逼近纣都，看来文王只是不伐纣耳，其他事亦都做了，如伐崇、戡黎之类。后人因孔子'以服事殷'一句，遂委曲回护，殊不知孔子只是说文王不伐纣耳。"九峰《书传》云："祖伊以西伯戡黎，不利于殷，故奔告于纣。意必及西伯戡黎，不利于殷之语，而入以告后，出以语人，未尝有一毫及周者。是知周家初无利天下之心。其戡黎也，义之所当伐也。使纣迁善改过，则周将终守臣节矣。祖伊，殷之贤臣也，知周之兴必不利于殷，又知殷之亡初无与于周，故因戡黎告纣，反覆乎天理民情之可畏，而略无及周者。文王公天下之心，于此可见。"源生按九峰之说，曲尽事理，较朱子为优，故后人遵之。若如朱子所说曲为回护，后人何私于孔子而必曲为回护乎！

吾人行事，当谨小慎微，不可少留点污。洪容斋《三笔》载："有人题衢州壁云：'一点清油污白衣，斑斑驳驳使人疑。纵饶洗过千江水，争似当初不污时。'"每一讽诵，令人惕然有省。

　　刘文清公书名甚著，诗亦鞭辟近里。着己尝有句云："为学患不知，既知苦不勇。护疾而忌医，见药反增恐。"此诗能砭学人通病，可置座寓。

　　义理之心，人皆有之。然人有义理之心，往往夺于利害之心，故见利则趋，见害则避。惟保守其义理之心，不使夺于利害之心，则本心不失，而事可得其正矣。

　　古圣贤著书，所以垂训后世。吾人读古人书，宜如领严师之训。凡说吾病痛处，必力改之；凡吾未能行处，必力行之。则虽不与古人见，而已受古人之益矣。若泛泛读过，不知切己体察，不惟辜负自己，抑且辜负古人。

　　以友辅仁，圣有明训。然必自己真知用功，朋友方为有益。若东推西诿，不肯前进，虽良友满前，亦将如之何哉？

　　吾人为一事，先看合理与否。如果不悖于理，即至粗至俗之事，亦当安心为之，不可厌烦也。

　　"默而识之"章与"出则事公卿"章，皆圣人望道未见之心，非自谓能如此而姑托词以鸣谦也。

　　吾人做人，不可有自恕之意。自恕则做不足色，不足色则人必议之。即欲自恕，人岂肯恕之乎？

　　人当无事之时，自以为与贤人君子无异，及有事来感触，私欲发动，做出事来，怕吃亏，爱占便宜，如此即将性命天道讲说极精极透，何益于事？

　　圣贤切己道理，以韵语出之，尤堪警人心目。嘉兴钱慈伯世锡《自警诗》云："吉人能寡辞，凶德若如傲。持身与交友，吾其戒轻躁。"又云："父事兄事人，练达推先觉。莫往短处议，且就长处学。"词意忠厚，足为浅薄者之戒。

　　民生在勤，勤则不匮。若好乐而荒，废时愒日，则身家必受其弊。明萧宜冲子鹏《自警诗》云："天下无弃物，世间无弃人。粪秽可滋禾，木朽堪为薪。牛毙制弓革，蚕老吐丝纶。吾人一自弃，无物为比伦。

农桑堕其业，终岁遭饥贫。工商废其职，货食靡有因。士焉失其学，安得成厥身。朱门产饿殍，白屋回阳春。万事毁于逸，百艺静于勤。人能不自弃，可以辞污沦。"吾人读此诗，安可不朝夕勉励，以尽其职之所当为乎？

立志向前，更无迟疑，不到地头不止。

做实事，说实话，不可一时走作。

居官者办地方公事，自作主张，又须体察舆情。不自作主张，权必下移；不体察舆情，则不知此中之曲折，安能措置咸宜？必自作主张，而又深悉人品之邪正，物情之向背，夫而后无所为，为必有成也。

素位而行，是安心良法。

天理常在心头。

天地生我完全之身心，却被自己损坏了，岂不可惜！

为监司之官，以察吏为先。察吏之法，以民言为主，而不可寄耳目于官场之人。盖官场之人，以应酬圆到者为贤，而于方正廉直者反多抵忤。若寄以耳目，必至淆乱听闻，颠倒是非。惟察之民言，民皆以为贤，则其人必近于贤者也；民皆以为不肖，则其人必近于不肖者也。虽或有沽名邀誉、刚方忤时者参错其间，而所得固已多矣。孟子以左右大夫之言为未可，而于国人之言必察之，岂非以三代直道之行，犹可望之于斯民哉？

阳明在当时，诚属豪杰之士。其讲学最易兴起人，流弊亦最多。陈清澜《学蔀通辨》，其当时之药石欤？国朝讲汉学者专言考据，考据亦学问家所不废。然其流至于破碎支离，徇末忘本。方植之《汉学商兑》，其今日之砥柱欤？

为人只论势利，不论是非，便无事不可为。

吴竹如先生《拙修集》中，辨陆、王误处最精当，而气象从容不迫，绝无怒詈之意，知其所养者深矣。

吴竹如先生言："事有是非，不必论利害。是自然有利，非自然有害。是而有害者，毕竟于理有未尽是处；非而暂有利者，毕竟遗害无穷。"真名言也。

有一点好名心，则见于事者，便有暴张之意。有暴张之意，则于道不足矣。宜密自省察。

性情偏处，最难克治。知其难而奋力以克之，则偏者可望其正矣。

今天下套习已成，仕宦有仕宦之套习，绅士有绅士之套习，一入其中，往往为其所牵制，而不能以自主。贤者处此将如何？亦曰："不违众，不随众，以义理为权衡而已矣。"事合乎义，决计必往；事不甚害义，吾亦从同。惟于事之害乎义者，虽一国如是，而吾亦不如是。身处乎套习之中，而实超乎套习之外，亦安见不能自主乎？

古今有经常之义，有随时之义。经常之义不可变也，随时之义则当因时与位而斟酌行之，岂可执一而不变哉？

昔人有"使贪使诈"之说，后世用人，遂不辨邪正。然贪诈之人，偾事多而成事少，即其才可用，亦只宜分任之，而不宜专任之。盖分任之，则能尽其才；不专任之，所以防其变。若不察其邪正，而遽付以大权，虽能集事于一时，必至遗害于异日。《师》之上九曰："开国承家，小人勿用。"其所以为天下虑者至深远矣。

今人皆欲声名彰著，闻望隆重，而不问己之实行奚若。夫有实行而名誉彰著，犹之可也；若己无实行，而忽来四方之推许，则方愧耻之不暇，而安可自鸣得意乎？

心高气满者，必不能听言察理；不能听言察理，安能办大事？

感人而人不动，是吾之德不至，不可因人不动而遂懈吾之德也。

辛酉岁，疾病牵连，身体益弱，此时着不得一毫怨尤，着不得一毫急躁，惟有顺受而已。

余最爱"出门如宾，承事如祭"二语，常存此意于胸中，心自然收敛，做事不敢孟浪。

人宜治生，不惟贤知知之，即庸愚之人亦无不知之。然专于治生，即于谋道有妨。故孔子以箪瓢陋巷不改其乐为贤，又言君子谋道不谋食。如此谆谆垂训，人尚急于谋食，不肯谋道，岂敢更以此立言教人乎？乃许鲁斋先生谓："学者治生为先，苟生理不足，则于为学之道有妨。彼旁求妄进及作官嗜利者，殆亦窘于生理之所致也。"其体贴学者之私情亦至矣。不知为学视乎志，士苟有志于道，即生理不足，尚奋勇以求之；苟无志于道，即生理有余，亦淡漠以安之。若不问其志，而惟计其生理之足否，则无恒产者无恒心，士也与凡民无异矣，亦何贵于士乎？

孔子权食信之去而曰："自古皆有死，民无信不立。"以此防民，民犹有弃信而贵食者。若如《思辨录》所云"士无恒产，死生急于义理"，则是导民以弃信而防闲溃矣，安望信义之能守乎？

爵赏者，君上之大权，所恃以鼓励人材之具也。有功而后赏，则爵赏足贵，而人材奋勉于事功。若本无可赏之事，而欲以爵赏邀结人心，又以情面、贿赂杂乎其间，如此则功名冒滥，爵赏不足贵，虽有人材，亦俱化而为塌茸之辈矣，将何所恃以平天下乎？

《易》之为书，高明广大，凡经权常变之理，悉备于其中。吾人穷究《易》理，能使融会贯通，则虽遇至难测之事，至难处之事，皆有应之之道理在。彼言"为事所难，因而处之不得其道"者，皆未能深明乎《易》理者也。

小人得志之后，党与已成，根基已固，去之甚属非易。即能去之，而去之不以其道，国家亦必受其害。汉去宦官以袁本初，而汉因以敝；唐诛宦官以崔昌遐，而唐因以亡。岂小人竟不可去乎？盖不图万全之策，而惟以刚武为尚也。若能谋出万全，而不以刚武为尚，健而说，决而和，则去其害而不更受其害矣。

君子之决小人也，惕厉戒备，犹惧其不克胜也。若以为易与而姑置之，小人复起，必受反噬之祸。观武三思与五王之事可见矣。

夬以五阳决一阴，而曰"孚号有厉"，恐阳之不能胜阴也；姤以一阴遇五阳，而曰"勿用取女"，恐阴之进敌乎阳也。圣人扶阳抑阴，盖无时而敢忽也。卷首九条，咸丰八年记。又二条，咸丰九年记。又七十四条，咸丰十年记。又四十条，咸丰十一年记。

教士迻言

世泽楼藏版，光绪辛巳季冬月开雕

绩溪胡培系撰

卷　上

　　培系以轻材末学，谬膺教铎，奉职无状，惧贻《伐檀》之讥。爰举平日所闻过庭之训及得于名师益友者，与诸同学共勉之。夫为治不在多言，为学亦然。襄见汪龙庄先生《学治臆说》《双节堂庸训》等书，语语切实，夙所服膺。是编略仿其意，名曰"迩言"。"迩言"者，浅近之言，期于易知易行云尔。光绪七年岁次辛巳九月，绩溪胡培系识。

立教原始

　　人之为道也，饱食暖衣，逸居而无教，则近于禽兽。圣人忧之，使契为司徒，教以人伦：父子有亲，君臣有义，夫妇有别，长幼有序，朋友有信。古者设立教人之官，实始于此。自唐虞而后，夏曰校，殷曰序，周曰庠，学则三代共之，皆所以明人伦也。《论语》首章言学，次章即言孝弟。孝弟为人之本，"仁"与"人"通，"仁"即"人"字。人能孝弟，必不犯上作乱。故曰："人人亲其亲、长其长，而天下平。"孟子告梁惠王曰："谨庠序之教，申之以孝弟之义。"告曹交曰："尧舜之道，孝弟而已矣。"此天下古今不易之常道。后世学者，稍有知识，即教以搦管为文，视圣贤之经传，皆供我作文应试之用。上以是求，下以是应，帖括而外，几不知所学为何事，其与逸居无教、近于禽兽者何异？汉季有"举孝廉，父别居"之谣，当今之世，如是者比比矣。夫人苟不孝不弟，尚何事不可为？无惑乎犯上作乱，而恬不为怪也。吾故特著其立教之原始，为开宗第一义。俾知立教以明伦为本，明伦以孝弟为本，而后可以言学。

先行后文

《周官》大司徒之职,以乡三物教万民而宾兴之:一曰六德,知、仁、圣、义、中、和;二曰六行,孝、友、睦、姻、任、恤;三曰六艺,礼、乐、射、御、书、数。古时乡举里选,先德行而后文艺,于斯可见。圣人之教弟子,先以孝弟、谨信、泛爱、亲仁,行有余力则以学文,是先行后文。周公、孔子相传之法,无不如是。今之学者以读书为作文之用,其弊至于文行倒置,甚至文与行相背,此世道人心之大忧也。不知《诗》《书》《礼》《乐》皆所以陶淑我之心身以成其德行,非为作文而设。故特为揭出,以俟本末兼备之君子。至于百行之中,尤以孝弟为先,具详前条,兹不具论。

圣人以礼为教

颜渊问仁。子曰:"克己复礼为仁。"请问其目。曰:"非礼勿视,非礼勿听,非礼勿言,非礼勿动。"颜渊曰:"夫子博我以文,约我以礼。"是夫子所以教,与贤者所以学,一礼而已矣。古之圣人,因父子之道而制为士冠之礼,因君臣之道而制为聘觐之礼,因夫妇之道而制为士昏之礼,因长幼之道而制为乡饮酒之礼,因朋友之道而制为士相见之礼。盖以礼教人,故人得有所持循,非言心言性之空无所依也。使天下无一人不范于礼,无一事不由乎礼,而天下治矣。庠序学校之中,教以明伦,即教以执礼。故人人亲其亲、长其长,而天下平。故礼不可以斯须去身。

立　志

《学记》曰:"一年视离经辨志。"又曰:"凡学,官先事,士先志。"孔子曰:"三军可夺帅,匹夫不可夺志。"王子垫问曰:"士何事?"孟子曰:"尚志。"志者,心之所之。人不立志,如无柁之舟,随波逐流,无所底止。世之舍康庄而入于荆棘者,皆由于志之不立。朱子谓:"志不立,

直是无下手处。"故学者以立志为先。张稷若先生有《辨志》一篇,明白易晓,兹录于左,以待学者之自决:

《辨志》张尔岐①

人之生也,未始有异也,而卒至于大异者,何也?

人生而呱呱以啼,哑哑以笑,蠕蠕以动,惕惕以息,无以异也。出而就傅,朝授之读,暮课之义,同一圣人之《易》《书》《诗》《礼》《春秋》也。及其既成,或为百世之人焉,或为天下之人焉,或为一国一乡之人焉;其劣者,为一室之人、七尺之人焉;至于最劣,则为不具之人、异类之人焉。

言为世法,动为世表,存则仪其人,没则传其书,流风余泽,久而愈新者,百世之人也。功在生民,业隆匡济,身存则天下赖之以安,身亡则天下莫知所恃者,天下之人也。恩施沾乎一域,行能表乎一方,业未大光,立身无负者,一国一乡之人也。若夫智虑不离乎钟釜,慈爱不外乎妻子,则一室之人而已。耽口体之养,徇耳目之娱,膜外概置,不通疴痒者,则七尺之人而已。笃于所嗜,瞀乱荒遗,则不具之人。因而败度灭义,为民蠹害者,则为异类之人也。

岂有生之始遽不同如此哉? 抑岂有驱迫限制,为之区别致然哉? 习为之耳。习之不同,志为之耳。志在乎此,则习在乎此矣;志在乎彼,则习在乎彼矣。子曰:"苟志于仁矣,无恶也。"言志之不可不定也。故志乎道义,未有入于货利者也;志乎货利,未有幸而为道义者也。志乎道义,则每进而上;志乎货利,则每趋而下。其端甚微,其效甚巨,近在胸臆之间,而周天地之内,定之一息之顷,而著之百年之久。志之为物,往而必达,图而必成。及其既达,则不可以返也;及其既成,则不可以改也。

---

①　此文分段参考魏源《皇朝经世文编》所收张尔岐《辨志》(岳麓书社 2004年版,第1—3页)。

世之诵周公、孔子之言,通其义以售于世者,项相望也。周公、孔子之遗教,未闻有见诸行事,被于上下者,岂少而习之,长而忘之欤?无亦诵周公、孔子,志不在周公、孔子也。志不在周公、孔子,则所志必货利矣。以志在货利之人,而乘富贵之资,制斯人之命,吾悲民生之日蹙也。

今夫种之播于地也,种粱菽则粱菽矣,种乌附则乌附矣①。雨露之滋,壅培之力,各如所种以成效焉。粱菽成则人赖其养,乌附成则人被其毒。学不正志,而勤其占毕,广其闻见,美其文辞,以售于世,则所学于古之人者,皆其毒人自利之借也。呜呼!学者一日之志,天下治乱之原,生人忧乐之本矣。《学记》曰:"凡学,官先事,士先志。"故未官者,必使正其志。教而不知先志,学而不知尚志,欲天下治隆而俗美,何由得哉?

故人之漫无所志,安坐饱食而已者,自弃者也;舍其道义而汲汲货利,不知自返者,将致毒于人以贼其身者也。自弃不可也,毒人而以贼其身,愈不可也。且也志在道义,未有不得乎道义者也,穷与达均得焉;志在货利,未必货利之果得也,而道义已坐失矣。人苟审乎内与外之分,必得与必不得之数,亦可以定所志哉?

穷达有命

子张身列圣门,犹学干禄。子曰:"三年学,不至于穀,不易得也。"今欲使人绩学励行而不务科名,鲜不以为迂,不知科名即在绩学励行之中,而得不得则有命。世固有品端学粹而终韦布之身者,亦有经明行修而膺特达之遇者,古人云:"穷达有命。"吾辈亦为其所当为,为其所得为,以俟命而已矣。彼不知命者,且谓功名可以弋获,而学行为可缓图,此士风所以坏也。故曰:"不知命,无以为君子。"

---

① 原文误倒,为"种乌附乌则附矣"。

修身以俟之

穷达有命,固矣。然或因循怠惰,一暴十寒,迨不获售于有司,而亦委之于命,则又不然。夭寿不贰,贰,当作忒,爽也。修身以俟之,所以立命也。夫夭寿与穷达,其理一也,而必修身以俟之,可知非无所事事,而束手以待之也明矣。知命者不立乎岩墙之下,世有厕身庠序而为患乡曲者,与立于岩墙之下何异?至于移郊、移遂之典,而亦委之于命,岂其然乎?

义利之辨

子曰:"君子喻于义,小人喻于利。"孟子曰:"鸡鸣而起,孳孳为善者,舜之徒也;鸡鸣而起,孳孳为利者,跖之徒也。欲知舜与跖之分,无他,利与善之间也。"案诸经君子、小人多以分位言,善即义也。《诗·毛传》:"义,善也。"小人身为庶民,只知有利,不知有义,犹属颛蒙无识。士君子读圣贤书而亦孳孳为利,自侪于跖之徒,耻孰甚焉?故吾辈于辞受取与之间,于"义""利"二字,必须辨别明晰。见其为义,则毅然为之,毋为利所摇夺。

义未尝不利

凡占便宜之谓利,圣贤告诫谆谆,欲人趋义而不徇利者,非欲使人尽失便宜也。盖利之中有害,而义之中有利。小人以利为利,君子以义为利。《大戴礼》曰:"义,利之本也。"孟子言:"未有仁而遗其亲,未有义而后其君。"此言义未尝不利。义,即赅得"仁"字。夫子言"放于利而行多怨",孟子言"上下交征利而国危",此言贪利而反得害。学者参透此理,足见小人枉为小人,君子乐得为君子。

人贵自立

人必有所凭借,而后可以立身。已属凡民,况天之生人,予以五官百骸,原使人之自为运用,除一身之外,断无可恃。人苟自立,则亲戚朋友皆为我之赞助;若一身不自振作,则亲友皆从壁上观。此非世态之炎凉,盖人必自侮而后人侮之,家必自毁而后人毁之,亦理势之自然者也。然则所以自立者何在?仍自勤其职业而已,农工商贾,皆可以自立,何况士为四民之首,岂无可以自立之地?竖起脊梁,读书而不肯随俗俯仰,即所以自立。

自　守

孟子曰:"守孰为大?守身为大。"人惟能自守,故可以久处约,可以长处乐,所谓"富贵不能淫,贫贱不能移"也。今之处约则滥,处乐则淫者,皆不能自守之故。至于荡检逾闲,无所底止,其初心未必遽至于是,由于一念之差,缪以千里,则"守"之一字为最要也。做秀才如处女,一朝失足,玷及终身。《孝经》言士之孝,引《诗》云:"夙兴夜寐,无忝尔所生!"盖人惟能守其身,而后无忝于父母,必有守而后可以有为。

忠　信

《学记》曰:"甘受和,白受采。忠信之人,可以学礼。"人不忠信,则表与里不符,言与行相背,甚至一行伪而百行尽属可疑,片言虚而千言皆为饰说,则一步不可行而况于为学乎?子张问行,子曰:"言忠信,行笃敬,虽蛮貊之邦,行矣。言不忠信,行不笃敬,虽州里,行乎哉?"故学者必以忠信为本,则所学皆实践,犹甘、白之质而后可以受和、采。

谨　慎

诸葛武侯名垂宇宙,功迈古今,而其《出师表》自陈但云"先帝知臣谨慎",可知绝大事业无不从谨小慎微做出。《易》三百八十四爻,吉居一,而凶、悔、吝居其三。君子持躬涉世,一不谨慎,则动辄得咎。

今人为一切事，俱苟且忽略，往往因小失大，变吉为凶。如《易》所云"慢藏诲盗，冶容诲淫"，皆不谨慎之故。昔太公进丹书之铭以示警鉴之，铭曰："见尔前，虑尔后。"楹之铭曰："毋曰胡残，其祸将然。毋曰胡害，其祸将大。毋曰胡伤，其祸将长。"带之铭曰："火灭修容，慎戒必恭，恭则寿。"盖常人所易忽之处，圣人无不戒谨恐惧。太公、武侯之所以佐成王业者，靡不由之。谚曰："谨慎无烦恼。"吾辈虽处一身一家之事，亦不可以不谨慎。谨慎兼言行说，此浑言其理。

因循最害事

天下事莫不误于因循，而今日之学者为尤甚。尝见前辈作一事终朝而可毕者，今人则阅数日而事犹未集。非其力之不能胜也，由其心之不振作，偷安于今日以待明日。而明日复有明日，一日因循一事，积而至于匝月，而事之丛脞者多矣。况一日之因循者，必不止一事乎？愈压积则愈畏缩，愈畏缩亦愈迁延，是因循之患无已时也。为学如此，则业必不成；从政如此，则事必不治。误尽天下苍生者，皆此因循之一念。《易》曰："盱豫悔，迟有悔。"故需者，事之贼也。《鲁论》于终篇论帝王之道曰："敏则有功。"诚万世不易之论。

择　交

《论语》"子谓子贱"章言："鲁无君子者，斯焉取斯？"则所以成君子之德者，必有取于朋友也。然友有损有益，则择之宜慎。颜延之云："与善人居，如入芝兰之室，久而不闻其芬，与之化矣；与不善人居，如入鲍鱼之肆，久而不知其臭，与之变矣。"是以古人慎所与处。今人往往一见如旧相识，并不审其人之邪正诚伪。及相交日久，渐染日深，昔日之芳草，今日而为萧艾，至是始悟所交之非人，不知其咎实在自己全无把握。语云："近朱者赤，近墨者黑。"故学者之取友，惟在于论交之始慎之又慎，庶毋贻后悔。

师　道

《学记》曰："师严然后道尊，道尊然后民知敬学。"然则人之不知敬学，由于师道之不尊严。今之为师者，自己未能循蹈规矩，而欲人之循蹈规矩，难已。师道陵夷，故学者偷惰放肆，罔知尊敬，此士习所以日坏。刘康公曰："民受天地之中以生，所谓命也。是以有动作、礼义、威仪之则，以定命也。"蒙谓《曲礼》《少仪》《内则》《弟子职》诸篇，《弟子职》今见《管子》。皆动作、礼义、威仪之则。童子始入学时，读完《孝经》，即当授以此数篇，随时为之讲解，俾知所持循。少而习焉，其心安焉，及其既长，庶不致自放于礼法之外。《学记》所谓禁于未发之谓豫也。数十年前，见侪辈入场应试，犹尚整饬。父诏其子，师勉其弟，惟恐误犯场规，致干谴责。近年来则士风大变矣，喧哗乱号，习为故常，其余荡检逾闲之事，不一而足。论者谓迩来场规之宽，夫场规曷尝有异于昔哉？当其入塾就傅时，并未尝遵守学规，一旦入场，强之遵守场规，有掉臂而不顾耳。使其平日果循循于规矩，岂一旦入场而顿失其故步乎？吾故谓欲端士习，必自尊师敬道始。

变化气质

人之气质，或毗于阳，或毗于阴，故有刚柔缓急之不同。倚于一偏，则喜怒哀乐皆不能中节。惟自知其偏处，力矫其弊，乃能适于中和。昔西门豹佩韦，董安于佩弦，皆补偏救弊之法。吾辈读书，见古人之嘉言懿行，有为我对病之药者，沉潜玩索，久之自然变化。

陶养性灵

昔曾皙言志，在乎舞雩沂水，风浴咏归，其胸次何等超旷，故圣人叹而与之。每见学者，终年为俗事束缚，所见所闻无非街谈里语，不知胸中尘积几许，无怪其一涉笔，皆尘羹土饭矣。夫山水之性，仁知所乐。盖岩壑灵气，与心目相会，最足以开发聪明，陶镕肺腑。宣郡古称名胜之区,远岫乔林,谢公之所托咏;落虹明镜,太白之所兴怀。今虽如画江城,依然在目,而流风余韵,久已阒如。学者春秋佳日,揽胜寻芳,临风怀古,可以开拓胸襟,荡涤尘垢,毋使性灵汩没,则山川景物,皆足为陶养之助。此虽不急之务,要亦疗俗之方也。

过必速改

人非圣贤,孰能无过?过而不改,是谓过矣。颜子不贰过,夫子所以称其好学。其在《周易·风雷益》"君子以见善则迁,有过则改",言迁善如风之速,改过如雷之决,乃为有益。若自知其过,而复畏难苟安,则过将迭起层生,循环不穷矣。明知其为鸩酒漏脯,而仍以之止渴救饥,则必死而后已。黄韬庵先生云:"譬诸农皇之尝药,一遇毒螫,不复再尝。今则明知其为脑子野葛,而姑致牙颊间者多矣。"此学者之通病。

谋　生

董子云:"谋生而后读书。"陶渊明云:"人生归有道,衣食固其端。孰是都不营,而以徒自安。"盖天之生人,各有其职业,生计即在职业之中。读书乃士之职业也,生计奚待外求哉?谋生之道,不外"勤俭"二字。潜心典籍,朝益暮习,为学之勤也;严立课程,功无间断,教人之勤也。有士如此,何患无以自给?至于布衣疏食,吾儒之常,则量入为出,随时撙节可也。诸葛武侯云:"非淡泊无以明志。"心存淡泊,自无纷华之慕。勤以补拙,而俭可养廉,谋生之道,不外是矣。

心存济物

程明道先生曰:"一命之士,苟存心于爱物,于人必有所济。"宋葛繁为镇江太守,有士人问其所行,繁曰:"予始者日行一利人事,嗣后或二、或三、或数四、或十余,积十余年,未尝少废。"又问:"何以为利人事?"繁指坐下杌足曰:"此物置之不正,则蹙人足,予为正之,若人渴时与杯水，皆利人事也。但随其事而利之，上自卿相，下至乞丐，皆可以为，唯在乎常久而已。"以葛公之言推之，凡世间有益于人之事，随时随地，皆可以行。吾儒胞与为怀，刻刻须存此心。若仅作自了汉，则天壤曷贵有是人？但舍己徇人，如宰我所云从井救人，则不可耳。世人每为人谋一事，辄思牟利，此市井小人之心，尤儒者所深耻。

卷 中

修 业

士农工商，各有职业。农不耒耜，工不利器，用失其业矣。况士为四民之首，岂可玩时愒日，漫不事事乎？《国语》云："士朝而受业，昼而讲贯，夕而习复，夜而计过，无憾而后即安。"此□之业也。《说文》："业，大版也。所以饰县钟鼓，捷业如锯齿，以白画之。"凡程功绩事言业者，画于版上，可以计数，（比）［此］"业"字之义。故受之于师者，谓之受业。《学记》所谓"时教必有正业"也。今之学者，束发就傅，即一暴十寒，任意作辍。至出而就试，便自命为文人。侪辈谈谑，了了昏旦。不幸而博一衿，则居然教授生徒。平昔之所以自课者如此，则其教人者可知。无一定之课程，自无一日之功效。徒然尸位素餐，误人子弟。是其为人弟，为人师，终身无修其职业之日。为士如此，宜为人所轻视。甚至授徒而不可得，穷困无聊，乃谓儒冠之误身。是岂儒冠之误人哉？亦冠儒冠而不修儒业者之自误耳。孟子曰："君子劳心，小人劳力。劳心者治人，劳力者治于人。"君子、小人皆各有业，则皆不能不劳。天下无坐以待食之人，亦无不劳而理之事。《白虎通义》曰："士者，事也，任事之称也。"乃不事其事，徒坐以待食，则是四民之蠹也，反不如农工商贾之犹能自食其力矣。

警 惰

《传》曰："民生在勤，勤则不匮。"数年以来，农工商贾日见其匮乏，似有江河日下之势。其弊由于不能各勤其本业，故适野则一片荆芜,入市则百物苦窳。然农工商贾之匮乏,犹或由于谷贱之伤,征榷之困。若为士者,则尽可闭户自精,开卷有得,本无与于人事,而何以士风之陵替,亦与农工商贾之江河日下无以异哉？盖近年考试太易,士子绝不费力,遂相率而趋于苟且,求其勤于本业者,殊不多得。是世之所以乏佳士者,亦无非病在一"惰"字。昌黎云："业精于勤荒于嬉。"盖不勤则断不能精。欲学校之振兴,当以警惰为急。前辈谓学者须换去一副嫩骨头,方可以享富贵。切中近日士人之病。

惜 阴

陶士行云："大禹圣人,犹惜寸阴。至于众人,当惜分阴。"人生在世,如白驹之过隙,有多少光阴而可使之虚掷乎？余尝挑灯夜坐,验之时辰表之针,针移一二刻,则灯油辄减浅一二分。此物之有形者,立见其销铄。若人之精神,则销铄于无形之中而不自觉,良可叹也。曾子曰："君子爱日以学。""爱"字当玩味。

早 起

天地昏明之节,以日为度,日出则明,日入则昏,人心亦然。古人日出而作,日入而息,皆顺乎天地之自然。今人以昼为夜,以夜为昼,则阴阳舛错,而精神昏瞀矣。臧玉林先生琳《经义杂记》云："自古圣贤及有志士,无不早起。盖早起则心体清明,读书易于领悟,为一切事亦易成就。故相士之道,观其早起晏起,而成败可决矣。"《困学纪闻》云："成汤、周公皆坐以待旦,康王晚朝,宣王晏起,则《关雎》作讽,姜后请愆。况朝而受业,为士之职。"《书》曰："夙夜浚明有家。"《孝经》言卿大夫之孝,引《诗》云曰"夙夜匪懈";言士之孝,引《诗》云"夙兴夜寐"。吾辈欲从事于学,非早起不可。余谓人之不能早起者,皆由于以夜为昼。人之精神有限,耗于此必竭于彼,故"君子以向晦入宴息"。

读书不在境之丰啬

　　境之丰者,衣食饱暖,使令有人,当可以读书矣。然或经营田宅,劳神簿书,反苦卒卒不暇。境之啬者,米盐琐屑,手足拮据,似不能读书矣。然或陋巷箪瓢,门无剥啄,反得潜心向学。足见人之处境与读书,确是两事,只在有志者之自勉耳。吾愿世之富贵者,须知席丰履厚,正天与我以宽闲之日。如此而不读书,岂不辜负光阴?贫贱者,须知劳苦困乏,正天与我以磨砺之资。如此而不读书,何以出人头地?学者果能笃志向学,自不为境所囿。世之借口于境遇不能读书者,此其人必不好学,且无福者也。有福方读书,旨哉斯言!

为学不尽在读书作文

　　古之为学者,凡闻一善言,见一善行,无非是学。今之学者,只知读书、作文为学,至于事亲敬长之道,威仪、动作之间,全无矩度。师不以是为教,弟子不以是为学,殊乖古人知行并勉之旨。子路言:"何必读书然后为学?"夫子无以难之。盖为学之道,原是如此。学者当知此意,则不拘何时何地,皆可以学。"三人行必有我师""见贤思齐,见不贤而内自省",俱足以检束我之心身,增益我之见识。至读书作文,不过学中之一事耳。

学不可躐等

　　天下事欲速反迟,不独为学为然,而为学为尤甚。欲行远而不自迩,欲登高而不自卑,意谓卑者、迩者可忽略也。不知不但远者、高者必不能至,并卑、迩者而亦失之,则终其身于迷途而已。今之学者,大都躐等而进。即以读书作文而论,未读小学诸书而先读经,未知小题作法而先学墨卷,无论其经学之不明,墨卷之不工,并之诸经之声音训诂,及作文之开合擒纵,白首茫然。躐等之弊,一至于此!有志于学者,当先去其欲速之念。

学必先博

子曰："君子博学于文，约之以礼，亦可以弗畔矣夫。"盖学必先博，方可以开拓心胸，增长见识。若株守兔园册子，不足以言学。学者欲知所以学，非多闻多见不可。子曰："多闻，择其善者而从之。多见而识之，知之次也。"宣郡自经寇难，前辈流风零落殆尽，学者患闻见之不广，而又苦于无书，则欲求其博，其道靡由。近年太平仙源书院捐置书籍几二万卷，甲于一郡，他邑当取以为法。

惟专能精

读书尚博，而用心贵专。如从事一书，心注于此，则不得纷于彼。荀子《解蔽》云："心枝则无知，倾则不精，贰则疑惑。""人心譬如槃水，正错而勿动，错，置也。则湛浊在下，湛，读为沉，泥滓也。而清明在上，则足以见须眉而察理矣。微风过之，湛浊动乎上，清明乱乎下，则不可以得大形之正也。心亦如是而已矣。故导之以理，养之以清，物莫之倾，则足以定是非，决嫌疑矣。小物引之，则其正外易，其心内倾，则不足以决庶理矣。"故学者之用心，惟在专一，乃能有成。彼博而不精者，由其用心之不专。观荀子之言，可以悟矣。

读书必须解讲

昔先祖绳轩公教授生徒，来学者必教之读经、温经，亲为倍诵，而尤善讲说，令人心领神会。门人条记为一编，一时赖以成立者甚众。先严教人犹守此法，不特讲解《四书》而已，凡授诸经，皆为之口讲指画，此培系所亲见者。今之为师者，教人读书，并不讲解，故学者虽诵其文，而不能通其义。圣经贤传，味同嚼蜡，甚至蹲鸱伏猎，以讹传讹。譬如僧家之诵经，但闻其口中喃喃，叩以经中之义，则皆茫然。如此而欲读书之有益，其可得乎？《易》曰："丽泽兑，君子以朋友讲习。"朋友兼师友言。盖书中之义，非讲不明。教者不为之讲解，而欲学者之自领悟,难已。余尝见有读完《十三经》,且读《史》《汉》《文选》诸书,而不能道其只字者,其腹笥便便,殊为可惜。此皆只知诵读,而不知讲解之故,纵使读破万卷,终无一得也。

有疑则问

孔子言:"君子有九思:……疑思问。"《儒行》曰:"强学以待问。"盖学不能无疑,疑而不问,则疑无由析。昔阎百诗先生自题其座隅云:"一物不知,学者之耻。逢人而问,少有宁日。"先严教人读书,遇有疑义,随时笔之于册。每师友会聚之顷,各以所疑相质难。此可为读书之法。

学贵有恒

"人而无恒,不可以作巫医。""虽有天下易生之物,一日暴之,十日寒之,未有能生者也。"此一定之理。荀子曰:"骐骥一跃,不能十步;十当作千。驽马十驾,功在不舍。言驽马十度引车,则亦及骐骥一跃。锲而舍之,朽木不折;锲而不舍,金石可镂。"言功贵有恒也。盖心之灵光,今日甫现一线,明日又现一线,久之则豁然开朗。如今日才现一线,明日又从而汩没之,是犹山径之蹊间,介然用之而成路,为间不用,则茅塞之矣。故为学之道,惟在严立课程。譬如餐饭,日有常数,功无间断,乃能有成。孟子谓"无恒产而有恒心者,惟士为能"。今则为士,而亦无恒心。由其于学中之甘苦本未领略,故见异而思迁,无怪其不稂不秀也。

学以为己

己所未知而欲求其知,己所未能而欲求其能,于是乎有学。是学以为己,人尽知之。苟学有心得,即人不我知,亦可以孤芳自赏。老氏所谓"知我者希,则我贵矣"。乃世人往往己所不知而强以为知,己所不能而强以为能,致饰于外,务以悦人,博一时之虚名,贻一己之实患，是欺人而适以欺己也。子曰："不患人之不己知，患其不能也。"故君子反求诸己。

书当补读

《学记》曰："时过然后学，则勤苦而难成。"然有志者不惮其勤苦也。自咸丰以来，烽火频年，人多失学，是少壮之光阴已经错过。迨大难削平，仍归旧业，不免腹内空疏。诸君过谈，每自陈罹难之苦，以自解说。然师旷不云乎："少而好学，如日出之阳；壮而好学，如日中之光；老而好学，如炳烛之明。炳烛之明，孰与昧行乎？"盖学问乃毕生之事，一息尚存，此志不容少懈。诸君果有志读书，则平生所未读之书，尽可补读，开卷有益，愈于不学面墙，自甘废弃。有志者，事竟成，皇天当不负其苦心耳。

朱子读书之法

朱子云："人若于日间闲言语省得一两句，闲人客省见得一两人，也济事。若浑身在闹场中，如何读得书？人若逐日无事，有现成饭吃用，半日静坐，半日读书，如此二三年，何患不进？"又云："书宜少看，要极熟。小儿读书记得多，大人多记不得者，只为小儿心专。"又云："人言贫困不得专意学问者，此为不能使船嫌溪曲者也。世间岂有无事的人？但十二时看，那一个时辰闲便做一时工夫，一刻闲便做一刻工夫，积累久，自然别。"以上三条，皆切中今时学者之病。

凌先生课程

吾乡凌次仲先生（廷堪），一代通儒，尤邃于《礼》。家竹村先兄尝从受业，得其指授。先生教授宁国府时，所定课程，本末兼备，学者果能遵守勿失，自然日有进境。所撰《复礼》三篇，阐明礼教极有关系之作，并录于左，以著寒家师承所自云。

［附］　杞菊轩功课单

月课

每月初二日、初八日、十六日、二十三日课四书文一篇,试帖诗一首。

每月逢五读生四书文一篇、熟文若多,不读亦可。试帖诗一首,临小楷数百字。

每月逢十读生古文一篇、如长分作两三课读。《文选》及唐宋大家皆可读,古诗、律诗各一首、汉魏六朝及唐宋人皆可,临小楷数百字。

日课

每日早起读生经文一百字,凡未读者,皆陆续补读。读必精熟,务须手钞,如不能百字即数十字,亦可。随意温熟文数篇,须用心探索,读经不可间断。

早饭后温熟经文二百字,随意或临帖,或钞诗、古文,或札记典故,分门别类,四书文及后场应用者尤要紧。或读史数页。

午饭后随意温《四书》数页,有暇即参稽经史,讨论诗文。有疑即须问难。

灯下随意温熟文数篇,或钞旧读诗文,或查考日间所读诗文中故事。

五更醒后,默记新知,酝酿旧得。此最要紧功效,进益多在此时。

此单骤阅之似乎平易,然果能日日有恒不作辍,数年之后,必有成就。昔王深宁,宋之通儒,其所立课程不过日诵文字一篇,或量力念半篇或二三百字而已,此外则将经史分门编纂。其说载在《词学指南》中,皆古人之成效。若贪多务广,不能为继,于实际终无益也。

［附］　复礼上

夫人之所受于天者,性也;性之所固有者,善也;所以复其善者,学也;所以贯其学者,礼也。是故圣人之道,一礼而已矣。《孟子》曰:

"契为司徒,教以人伦:父子有亲,君臣有义,夫妇有别,长幼有序,朋友有信。"此五者,皆吾性之所固有者也。圣人知其然也,因父子之道而制为士冠之礼,因君臣之道而制为聘觐之礼,因夫妇之道而制为士昏之礼,因长幼之道而制为乡饮酒之礼,因朋友之道而制为士相见之礼。自元子以至于庶人,少而习焉,长而安焉。礼之外,别无所谓学也。夫性具于生初,而情则缘性而有者也。性本至中,而情则不能无过不及之偏。非礼以节之,则何以复其性焉?父子当亲也,君臣当义也,夫妇当别也,长幼当序也,朋友当信也,五者根于性者也,所谓人伦也。而其所以亲之、义之、别之、序之、信之,则必由乎情以达焉者也。非礼以节之,则过者或溢于情,而不及者则漠焉遇之。故曰:"喜怒哀乐之未发谓之中,发而皆中节谓之和。"其中节也,非自能中节也,必有礼以节之。故曰:"非礼何以复其性焉?"是故知父子之当亲也,则为醴、醮、祝字之文以达焉,其礼非士冠可赅也,而于士冠焉始之。知君臣之当义也,则为堂、廉、拜、稽之文以达焉,其礼非聘觐可赅也,而于聘觐焉始之。知夫妇之当别也,则为笲、次、帨、鬠之文以达焉,其礼非士昏可赅也,而于士昏焉始之。知长幼之当序也,则为盥、洗、酬、酢之文以达焉,其礼非乡饮酒可赅也,而于乡饮酒焉始之。知朋友之当信也,则为雉、腒、奠、授之文以达焉,其礼非士相见可赅也,而于士相见焉始之。《记》曰"礼仪三百,威仪三千",其事盖不仅父子、君臣、夫妇、长幼、朋友也,即其大者而推之,而百行举不外乎是矣。其篇亦不仅《士冠》《聘》《觐》《士昏》《乡饮酒》《士相见》也,即其存者而推之,而五礼举不外乎是矣。良金之在丱也,非筑氏之镕铸不能为削焉,非栗氏之模范不能为量焉。良材之在山也,非轮人之规矩不能为毂焉,非辀人之绳墨不能为辕焉。礼之于性也,亦犹是而已矣。如曰舍礼而可以复性也,是金之为削为量,不必待镕铸模范也;材之为毂为辕,不必待规矩绳墨也。如曰舍礼而可以复性也,必如释氏之幽深微眇而后可;若犹是圣人之道也,则舍礼奚由哉?盖性至隐也,而礼则见焉者也;性至微也,而礼则显焉者也。故曰:"莫见乎隐,莫显乎微，故君子慎其独也。”三代盛王之时，上以礼为教也，下以礼为学也。君子学士冠之礼，自三加以至于受醴，而父子之亲油然矣；学聘觐之礼，自受玉以至于亲劳，而君臣之义秩然矣；学士昏之礼，自亲迎以至于彻馔成礼，而夫妇之别判然矣；学乡饮酒之礼，自始献以至于无算爵，而长幼之序井然矣；学士相见之礼，自初见执贽以至于既见还贽，而朋友之信昭然矣。盖至天下无一人不囿于礼，无一事不依于礼，循循焉日以复其性于礼而不自知也。刘康公曰：“民受天地之中以生，所谓命也。”是以有动作、礼义、威仪之则，以定命也。故曰：“天命之谓性，率性之谓道，修道之谓教。”夫其所谓教者，礼也，即父子有亲、君臣有义、夫妇有别、长幼有序、朋友有信是也。故曰“学则三代共之”，皆所以明人伦也。

［附］ 复礼中

《记》曰：“仁者，人也，亲亲为大。义者，宜也，尊贤为大。亲亲之杀，尊贤之等，礼所生也。”此仁与义不易，之解也。又曰：“君臣也、父子也、夫妇也、昆弟也、朋友之交也五者，天下之达道也。知、仁、勇三者，天下之达德也。”此道与德不易之解也，不必舍此而别求新说也。夫人之所以为人者，仁而已矣。凡天属之亲则亲之，从其本也。故曰：“仁者，人也，亲亲为大。”亦有非天属之亲，而其人为贤者则尊之，从其宜也。故曰：“义者，宜也，尊贤为大。”以丧服之制论之，昆弟，亲也，从父昆弟则次之，从祖昆弟又次之。故昆弟之服，则疏衰裳齐期；从父昆弟之服，则大功布衰裳九月，从祖昆弟之服，则小功布衰裳五月，所谓亲亲之杀也。以乡饮酒之制论之，其宾，贤也，其介则次之，其众宾又次之。故献宾则分阶，其俎用肩。献介则共阶，其俎用肫胳。献众宾则其长升受，有荐而无俎，所谓尊贤之等也。皆圣人所制之礼也。故曰：“亲亲之杀，尊贤之等，礼所生也。”亲亲之杀，仁中之义也；尊贤之等，义中之义也。是故义因仁而后生，礼因义而后生。故曰：“君子义以为质，礼以行之，孙以出之，信以成之。”《礼运》曰：

"礼也者,义之实也。协诸义而协,则礼虽先王未之有,可以义起也。"《郊特牲》曰:"父子亲然后义生,义生然后礼作。"董子曰:"渐民以仁,摩民以义,节民以礼。"然则礼也者,所以制仁义之中也。故至亲可以掩义,而大义亦可以灭亲。后儒不知,往往于仁外求义,复于义外求礼,是不识仁且不识义矣,乌睹先王制礼之大原哉?是故以昆弟之服服从父昆弟、从祖昆弟,以献宾之礼献介、献众宾,则谓之过;以从祖昆弟、从父昆弟之服服昆弟,以献介、献众宾之礼献宾,则谓之不及。盖圣人制之而执其中,君子行之而协于中,庶几无过不及之差焉。夫圣人之制礼也,本于君臣、父子、夫妇、昆弟、朋友五者,皆为斯人所共由。故曰:"道者,所由适于治之路也,天下之达道是也。"若舍礼而别求所谓道者,则杳渺而不可凭矣。而君子之行礼也,本之知、仁、勇三者,皆为斯人所同得。故曰:"德者,得也。"天下之达德是也。若舍礼而别求所谓德者,则虚悬而无所薄矣。盖道无迹也,必缘礼而著见,而制礼者以之。德无象也,必借礼为依归,而行礼者以之。故曰:"苟不至德,至道不凝焉。"是故礼也者,不独大经大法悉本夫天命民彝而出之,即一器数之微、一仪节之细,莫不各有精义弥纶于其间。所谓物有本末、事有终始是也。格物者,格此也。《礼器》一篇,皆格物之学也。若泛指天下之物,有终身不能尽识者矣。盖必先习其器数仪节,然后知礼之原于性,所谓致知也;知其原于性,然后行之出于诚,所谓诚意也。若舍礼而言诚意,则正心不当在诚意之后矣。《记》曰:"自天子以至于庶人,壹是皆以修身为本。"又曰:"非礼不动,所以修身也。"又曰:"修身以道,修道以仁。"即就仁义而申言之,曰礼所生也,是道实礼。然则修身为本者,礼而已矣。盖修身为平天下之本,而礼又为修身之本也。后儒置子思之言不问,乃别求所谓仁义道德者,于礼则视为末务,而临时以一理衡量之,则所言所行,不失其中者鲜矣。《曲礼》曰:"道德仁义,非礼不成。"此之谓也。是故君子"尊德性而道问学,致广大而尽精微,极高明而道中庸,温故而知新,敦厚以崇礼"。

［附］　　　　　　复礼下

圣人之道，至平且易也。《论语》记孔子之言备矣，但恒言礼，未尝一言及理也。《记》曰："道之不行也，我知之矣。知者过之，愚者不及也。道之不明也，我知之矣。贤者过之，不肖者不及也。"彼释氏者流，言心言性，极于幽深微眇，适成其为贤知之过。圣人之道，不如是也。其所以节心者，礼焉尔，不远寻夫天地之先也。其所以节性者，亦礼焉尔，不侈谈夫理气之辨也。是故冠昏饮射，有事可循也；揖让升降，有仪可按也；豆笾鼎俎，有物可稽也。使天下之人，少而习焉，长而安焉。其秀者有所凭而入于善，顽者有所检束而不敢为恶。上者陶淑而底于成，下者亦渐渍而可以勉而至。圣人之道，所以万世不易者，此也。圣人之道，所以别于异端者，亦此也。后儒熟闻夫释氏之言心言性，极其幽深微眇也，往往怖之，愧圣人之道，以为弗如，于是窃取其理事之说而小变之，以凿圣人之遗言曰："吾圣人固已有此幽深微眇之一境也。"复从而辟之曰："彼之以心为性，不如我之以理为性也。"呜呼！以是为尊圣人之道，而不知适所以小圣人也。以是为辟异端，而不知阴入于异端也。诚如是也，吾圣人之于彼教，仅如彼教性相之不同而已矣，乌足大异乎彼教哉！儒、释之互援，实始于此矣。《诗》曰："鸢飞戾天，鱼跃于渊。"说者以为喻恶人远去，民得其所。即《中庸》引而伸之，亦不过谓圣人之德明著于天地而已，曷尝有化机也！子在川上曰："逝者如斯夫！不舍昼夜。"说者以为感叹时往不可复追。即孟子推而极之，亦不过谓放乎四海有本者，如是而已，曷尝有悟境也！盖圣人之言，浅求之，其义显然，此所以无过、不及，为万世不易之经也；深求之，流入于幽深微眇，则为贤知之过，以争胜于异端而已矣。何也？圣人之道，本乎礼而言者也，实有所见也；异端之道，外乎礼而言者也，空无所依也。子所雅言《诗》、《书》、执《礼》，颜子问仁。子曰："克己复礼为仁。""请问其目。"曰："非礼勿视，非礼勿听，非礼勿言，非礼勿动。"颜渊曰："夫子循循然善诱人，博我以文,约我以礼。"圣人舍礼无以为教也,贤人舍礼无以为学也。《诗》《书》,博文也;执《礼》,约礼也;孔子所雅言者也。仁者,行之盛也,孔子所罕言者也。颜渊大贤,具体而微,其问仁与孔子告之为仁者,惟礼焉尔。仁不能舍礼但求诸理也。子贡曰:"夫子之文章,可得而闻也。夫子之言性与天道,不可得而闻也。"文章,《诗》《书》、执《礼》也。性与天道非不可得而闻,即具于《诗》《书》、执《礼》之中,不能托诸空言也。夫仁根于性,而视听言动则生于情者也。圣人不求诸理而求诸礼,盖求诸理必至于师心,求诸礼始可以复性也。颜渊见道之高坚,前后几于杳眇而不可凭,迨至博文约礼,然后曰:"如有所立卓尔。"即立于礼之立也。故曰:"不学礼,无以立。"又曰:"不知礼,无以立也。"其言之明显如此。后儒不察,乃舍礼而论立,纵极幽深微眇,皆释氏之学,非圣学也。颜子由学礼而后有所立,于是驯而致之,其心三月不违仁。其所以不违者,复其性也。其所以复性者,复于礼也。故曰:"一日克己复礼,天下归仁焉。"夫《论语》,圣人之遗书也。说圣人之遗书,必欲舍其所恒言之礼,而事事附会于其所未言之理,是果圣人之意邪? 后儒之学,本出于释氏,故谓其言之弥近理而大乱真。不知圣学礼也,不云理也,其道正相反,何近而乱真之有哉?

至教无隐

子曰:"吾无所隐乎尔。吾无行而不与二三子者,是某也。"陈亢以异闻问伯鱼,告以闻《诗》、闻《礼》,足见圣人大公无我。己欲立而立人,己欲达而达人。惟恐人之不知,惟恐人之不能,故谆谆垂训,断无隐秘之学。今人往往一知半解,沾沾自矜或故示崖岸之高,或别存门户之见,皆非深于学者也。孔子在陈而思鲁之狂简,圣人传道之殷怀犹可想见,吾辈所宜效法。

好由于信

夫子言:"信而好古""笃信好学"。子张曰:"执德不宏,信道不

笃,焉能为有? 焉能为无?"盖虽有名师益友,其所以诱掖奖劝者,我
既信之不笃,则好于何有? 况古人之陈编,更邈若河汉矣。此好古者
之不多得,好学者之不多得也。焉能为有无? 又奚足怪? 培系浅见
寡闻,固不敢自谓其言之可信,然是编之谆谆劝勉者,皆平日所闻父
兄之训,非愚一人之私臆也。诸君或以为迂,或以为陋,或信或不信,
亦姑听之。第我用我法,我尽我心云尔。

卷 下

读 经

圣人之道，具载于经。士不读经，则于修身、齐家、治国、平天下之道，无从窥其涯涘。仅恃数十百篇滥墨卷，以为修齐治平之具，无是理也。今日之士，即他日之卿大夫，不可不知此理。且即以四书文而论，亦所以发明修齐平治之理。经既不读，理从何来？以此名士，实愧死矣。三十年以前，侪辈中大都读完《四书》《五经》，始学作文。以此为分内事，绝不为奇。自军兴以后，学额太广，人思速化。余司训宣州，诸生来谒，问以所读之书，则读完《五经》者，百人中不过一二人；读完《十三经》者，通学中竟未之觏。且其所已读之经，又皆卤莽灭裂。自隶学官，盖未尝温理一过。然遇乡、会试之年，未尝无获隽者。学者畏读经之难，而日趋应试之易。《四书》粗毕，即搦管为文。师以是教，弟子以是学，习非成是，缪种流传。如是而欲士习之端，文风之盛，犹欲疾走而却步也，吾不知所从事矣。综计《十三经》正文，共六十四万七千五百六十字，以中人之质，每日读三百字计之，约七八年可毕。即《十三经》不能全读，《五经》正文仅三十九万零三百五十八字，每日读三百字，则四五年可毕矣。坊刻《左传》《礼记》均有删本，本干例禁，学者断不可用。为父师者，欲其子弟读书上进，何难？以此数年工夫，专心教督，使之终身受用不尽。且此事并非太苦，只须功无间断，日计不足，月计有余，亦何惮而不为乎？学者苟欲置身士林，请先以读经为勖。未读者必须补读，已读者必须温习。古人云："读书百遍，其义自见。"用力既久，则妙蕴环生，有志者幸勿河汉斯言。

治经必先通小学

古者八岁入小学,教以六书。是声音训诂,古人童而习之,今人白首而不能明。盖自宋以后,六书之旨渐晦,故其解经多郢书燕说。我朝诸儒阐明小学,于古人之本音本义、借音借义,始了如指掌。于是小学明而古训明,古训明而诸经之旨无不四通六辟。学者苟欲从事于经,必先从《说文》《尔雅》诸书入手。金坛段氏之《说文注》、余姚邵氏之《尔雅正义》、栖霞郝氏之《尔雅义疏》、高邮王氏之《广雅疏证》,皆精而且博,研经者必先钻仰于斯。外如《经典释文》《方言》《释名》《玉篇》《广韵》《集韵》,皆小学之阶梯。如欲研求古音,则顾氏《音学五书》、江氏《古韵标准》、段氏《六书音韵表》,均可参究。歙县江氏《音学十书》亦精核,惜未易得。

注疏及诸家说经之书

学者小学既通,然后研及注疏。《毛诗》《三礼》最为淹博,当先观之。国朝有长洲陈氏《毛诗疏》、泾县胡氏《毛诗后笺》、家竹村先兄《仪礼正义》,又有金匮秦氏《五礼通考》、歙县凌氏《礼经释例》。次则三传,亦可采择。曲阜孔氏有《公羊通义》,阳湖刘氏有《公羊何氏释例》《何氏解诂笺》。《论语》虽以朱子注集为宗,而何晏《集解》亦当参存。《诗》则毛、郑之外,兼考齐、鲁、韩三家。《易》则王、韩之注,尽弃旧闻。唐李鼎祚有《周易集解》,汉诸家之说借以考见。长洲惠氏有《周易述》,武进张氏有《虞氏义》《郑氏义》《荀氏九家义》等书。《书》则伪孔,不足据。嘉定王氏有《尚书后案》,吴县江氏有《尚书集注音疏》,阳湖孙氏有《尚书今古文注疏》。《孝经》《孟子》旧疏,俱疏略。仪征阮氏有《孝经义疏》,甘泉焦氏有《孟子正义》。《尔雅》已见前。此诸经注疏之大略也。学者专治一经,则诸经皆可通。他如太原阎氏、婺源江氏、休宁戴氏、歙县金氏、程氏、曲阜孔氏、鄞县全氏、万氏、长洲惠氏、嘉定钱氏、高邮王氏、阳湖庄氏、武进臧氏、江都汪氏、仪征阮氏、刘氏、宝应刘氏、侯官陈氏诸家,所论列者,皆已故诸儒撰述,近儒之存者概未载入。皆根底湛深,考据详核,好古之士所宜研究。又如《国语》《大戴礼》《尚书大传》《逸周书》等,虽不列于《十三经》之中,实足以补十三经之阙,均当参考。

读　史

学者诸经读毕,则史为尤要。余从子筱汀有诗云:"人生不读史,譬如目双瞽。悠悠千百年,安知今与古。"亦至言也。《廿四史》浩如烟海,学者力难遍及。然《史记》、两《汉书》必须全读外,如司马温公《资治通鉴》起战国,迄五代、毕氏《续资治通鉴》起宋太祖,迄元顺帝,数千年政事人物,犁然在目,借可考见历代治乱兴衰之迹。又近刻有陈氏《明纪》,于有明一代之事,亦为详备起明太祖,迄唐、桂二王,与《通鉴》体例相同,可继毕氏《续通鉴》之后。又如杜氏《通典》、郑氏《通志》、马氏《文献通考》,典章制度,网罗宏富,皆不可少之书。

诸　子

周、秦、汉诸子,去古未远,单词奥义,足以羽翼经传,学者虽不能遍观,可择其尤精者以资搜讨。如儒家之荀子、贾谊《新书》、刘向《新序》《说苑》、扬雄《法言》、又《太元经》,隶术数类,兵家之孙子、吴子、司马法,法家之管子(又晏子《春秋》,隶史部传记类)。韩子;杂家之《吕氏春秋》、《淮南子》、《白虎通义》、王充《论衡》;小说家之《山海经》;道家之《老子》《列子》《庄子》,皆古书也。又刘义庆《世说新语》,亦可取材。王伯厚之《困学纪闻》、顾亭林之《日知录》,皆择精语详,可置案头,时时浏览。算学切于时用,梅勿庵先生《历算全书》,推为绝学。诸君子生于其乡,必有闻风兴起者。培系向未研求,而窃愿有志者之宣究焉。

诗古文

古今集部之书,较经、史、子为尤夥。自周、秦迄两汉、六朝,以《昭明文选》为渊海。唐时最重《选》学,有"《文选》烂,秀才半"之谣。

杜少陵《示子诗》云:"熟精《文选》理,休觅彩衣轻。"盖是书甄综群言,囊括众典,取之不尽,学者所当家置一编。自唐、宋以至我朝,诸家专集,美不胜收,择其性情之所近者从事焉可矣。总集如新城王氏《古诗选》、桐城姚氏《今体诗钞》《古文词(汇)[类]纂》,阳湖李氏《骈体文钞》,皆选本之善者,读之可以知古今之源流派别。

时文以理法气为主

自有宋儒之理学,而后有四书文。是四书文者,所以阐发《四书》之理也。《四书》之理,即诸经之理也。作者理境深一层,则文境亦高一层,此事之一定者。然理非可猝得,即以《四书》而论,必须平日于诸家之诠解《四书》者,如王氏《汇参》、任氏《约旨》、张氏《翼注论文》之类。博览详思,日积月累,久之自然贯通而又融会诸经。一题到手,头头是道矣。近时学者,经既不读,而于《四书》诸家之诠解,平日并不寓目。即塾师之授徒,平日亦不甚讲解。及一题到手,始检高头讲章,一看了事,无怪乎于书理全不透彻。其握管为文,必至蒙然如坐云雾。欲文之切理餍心,其可得乎?盖文之优劣,全视理之浅深。欲作佳文字,非精于理不可。理既得矣,然非法不足以驭题。理一也,而题则纷然百出,亦随题变换,有单句题作法,有数句题作法,有数章数节题作法,截上题何以融上而不连上、截下题何以照下而不犯下,何者宜分疏、何者宜滚作,其法更仆难,终非讲明有素,一遇难题,不知从何下笔。欲知作法,必须多读先正之文,神明于规矩之中。题虽千变万状,我以法驭之,自不为题所窘。孟子曰:"离娄之明,公输子之巧,不以规矩,不能成方圆。"作文者,纵书理极精,苟疏于法,如师无纪律,不能制胜。故理精尤贵法密也。理法既得,又非气不足以行之。凡天下之物,有气则生,无气则死。学者养气工夫,非多读书不可。诸经之外,如《国语》《战国策》《史记》《两汉书》《庄》《骚》《文选》及唐宋诸大家之文,俱宜选读。多读一书,则多一书之益;多读一篇,则多一篇之益。至前明及我朝诸名家之四书文,皆当博观而约取之。

且读必精熟，方能使我之精神与古人之精神相浃洽，临文时自汩汩乎来矣。古人云："气盛，则言之短长与声之高下皆宜。"作者如果理精法密，而气又蓬蓬勃勃、浑灏流转，犹虑其不利于场屋，吾不信也。近人动言揣摩风气，如果理、法、气三者俱得，则风气将为我转移，又何致为风气所囿乎？五经文以考据精核、词旨丰瞻为贵，与四书文稍别。策论以觇士子之学识，学者果能多读书，自不蹈空疏之弊。

辅之以词

作文以理、法、气为主，固矣。然遇典制题，必须有词藻供我驱使，方不露寒俭相。但词藻非仅恃时文中稗贩而来，仍不外乎多读书而已。古人云："取镕经义，自铸伟词。"此八字可为用词之法。学者果能多读诸经及《国语》《战国策》《史记》《两汉书》《庄》《骚》《文选》等书，已不患胸中无物。取材既富，而以镕铸出之，自见精采夺目。近时学者，仅于时文中猎取其草木禽鱼之字，以矜奇炫博，适形其陋，往往堆砌芜杂，全无真气。其下者或于箧笥中临时剽窃，帝虎鲁鱼，承讹袭谬，不特贻讥大雅，抑恐有误科名，所当切戒。江氏《乡党图考》考据精核，为作典制题必不可少之书。又《四书典林》体例亦详审，虽属分门别类，亦可旁推交通，妙在使人自具匠心，研炼而出。初学作文，如不知运用之法，是书尚可披寻，不似类联串珠之现成对偶，易涉陈腐也。

小题尤宜究心

作小题之难，较大题为尤甚。大题平正通达，可以纵笔为之；小题往往逼窄枯窘，不得其法，则弊病百出。学者须从各种小题用一番功，则作大题时，于离合擒纵之法，了然于胸，不致囫囵吞枣。近时考试太易，童子搦管为文，于小题作法，全未窥见万一。不幸获一衿，遂居然从事墨卷，无怪其脉理不清，终其身不知作文之法矣。方朴山先生《集虚斋稿》，深得小题秘籥。先生主吾郡紫阳讲席，及门中如胡含川太史、潘晴皋孝廉，皆一时国手。今所传《文诀》胡刻、《文矩》潘刻二书,于小题之法,可谓度尽金针。学者若从此等文入手,则笔下自无难题,勿谓其非时新花样,不敢问津也。

业患不精

昌黎有云:"业患不能精,无患有司之不明。"今之习举业者,似惟恐用意用笔之过高,反不入彀,相率而趋于卑浅庸俗之一途。见近科墨卷之易于貌袭者,竞相仿效,其拙者至于蒙头盖面,夹杂不清;其巧者亦似是而非,有表无里。幸而获售,则以为捷诀在此,语以先正之文,则掩耳却走,以为不合时宜,可不必学。其实无非苟且因循,自安卑鄙,不肯勇往精进。不知所谓时宜者,特花样之不同耳。所谓花样者,不过句调、格局之类。如果理、法、气三者俱得,则句调、格局何难揣摩?至于理、法、气三者,则自有时文以来,未之或易也。如果理精、法密、气足三者备具,场屋中自可辟易十人,必为明眼人所赏拔。即或终身不遇,则命为之,非战之罪也。试问趋于卑浅庸俗者,果皆人人操必胜之权哉?不过千百人中容或有数人偶然侥幸,未可援以为例也。古人言:"取法乎上,仅得乎中;取法乎中,仅得乎下。"今之学者,皆取法乎下,无怪乎愈趋愈下,而靡所底止。以是而治举业,纵使掇一科名,亦终身为门外汉而已。观《孟子》"赵简子使王良为嬖奚乘"章,王良之所以为良工者,惟在范我驰驱。若以诡遇,虽一朝而获十良,且有所不屑。有志之士,可以兴矣。

时文见人之底蕴

国家以时文取士,原以觇人之底蕴,不徒取其一日之长。试观名家之文,皆足以见其人平日之性情学问。学者不知此意,仅事涂饰,而主司亦但取其句调之工,失其恉矣。先师缪武烈公梓尝言:"凡人多读一书,自有一番意境,其下笔亦自不同。作者或不自知,而明眼人必能辨之。"培系尝佐前太守孙谷亭先生翼谋校阅试卷,见先生所取之文,以能用意用笔合作法者为主,字句间即偶有小疵,亦登上选。

其有从稗贩而来者，虽涂饰之工，必置下乘。故一时能文之士，无不被其赏拔。此可为取士之法，即可为学文之法。

以古文为时文

前吾邑训导沈清渠师练教人作时文，须多读苏文，谓可以扩充识力，增长笔力。一时从游，多获隽者。缪武烈师为先生高弟子，深得其传二公，培系皆尝受业，尝云："以古文为时文，乃作时文之捷径。古文之面目，虽与时文不同，然开合擒纵之法，则无不同。学者果能熟读精思，得其用意、用笔之妙，自可辟易千人。"有手批苏文十余篇，将古文与时文相通之门径一一拈出。异时当付剞劂，以与同好者共赏之。

坊刻小本时文

余弱冠时，每遇考试，四方书贾云集。虽古书不易觏，其所售大都新出之书，经史子集，无所不有。间亦有小本时文，偶一披阅，见其中不乏佳篇，版亦清晰，似选刻俱非苟然者。近数十年则不然矣。考试所售，无非小本时文，汗牛充栋，无题不备。然其文则浅陋不堪，字亦讹舛百出，且索值甚昂，买者争先恐后，而经史子集诸书反寥寥无几，亦鲜有过而问者。此亦风会之一变也。初学得此等文，珍为秘笈，每一题到手，必先查阅陈文，而后握管，耳目心思，悉为所锢蔽。及入场应试，非有此兔园册子不能下笔。而欲文风之盛，其可得乎？为人父师者切戒子弟，此等文断不可寓目，致使心同废井，误及终身。平日果能禁绝，则入场时自无需乎此所以启其聪明之用，即以杜其侥幸之心。学者若将此买文之资，以购经史子集，其获益未必不百倍于此。明者自能辨之。

试　律

试律始于唐人，譬之大路椎轮，朴而未斫。至我朝诸家出，重规

叠矩,粲然大备。纪文达公之《我法集》《庚辰集》,实辟其途径。所论
列诸条,皆至当不易。自是而后,如吴毅人、王惕甫、王楷堂、路润生
诸公,标新领异,各擅胜场。学者当从纪诗入手,以知其作法,则层次
井然不紊。而益以九家、七家诸选本,参以近时馆阁诸作,庶几兼有
其长。蒙谓:"排律以杜少陵为古今第一,学者若多读杜律以为之根
柢,则如高屋建瓴,可以俯视一切矣。"

律　赋

律赋之有唐人,犹制艺之有明文,层次最为明晰。学者从此入
手,庶无蒙头盖面之弊。益以我朝诸家,如吴毅人、顾兰石、鲍觉生诸
公,其尤著也。顾南雅先生所选《必以集》,鲍觉生先生所选《赋则》,
皆规矩方圆之至,惜其书不易得。近有潘氏之《唐赋选钞》及丹徒赵
氏之《律赋新编》《馆赋新编》,皆守唐人矩矱,可以为法。至如小赋,
当效法六朝庙堂之作,则上规《文选》,作者亦相题行文可耳。

楷　法

近时之能书者,竞尚北派,或以为新奇,或以为怪诞,而皆非也。
北朝碑刻之佳者,犹存篆、隶遗意,故好古者喜为摹仿,亦犹之写篆、
隶云尔,非谓人人皆当以北派为宗也。至应试之书,以匀净腴润为
贵,然必以唐碑为准则,方不走入俗派。唐碑中如欧、颜诸家,结体谨
严,运笔平正,学之无弊欧、颜诸家旧拓殊不易得,唐碑中有近于欧、颜者,皆
可择取。学者每日临写三四百字,日久无间,取效最速。龙翰臣殿撰
有《论书》数则,足为学者之圭臬自六书之旨不明,学者涉笔便误。村书俗
体,触目皆是。殿撰有《字学举隅》一书,辩正点画,可备随时省览。

志学续录

光绪十年(1884)九月开雕

桐城方宗诚撰

卷一 壬午笔记

"体用一源,显微无间。"欲明道体,须常涵泳此八字。"诚明两进,敬义夹持。"欲做工夫,须常守定此八字。

学问规模要阔大,工夫要切近。《大学》开首即"欲明明德于天下",而工夫必从格物、致知、诚意、正心、修身做起。周子志伊尹之所志,学颜子之所学,亦是《大学》之意。

伊川先生《颜子所好何学论》云:"学必先明诸心,知所养,然后力行以求至。"此即格物、致知、诚意、正心、修身之次第也。"明诸心",工夫在格物致知,与佛氏所谓明心不同。

"天地之常,以其心普万物而无心;圣人之常,以其情顺万事而无情",此圣希天也。"君子之学,莫若廓然而大公,物来而顺应",此贤希圣也。然此境亦不易及。士希贤之道,则在用力去自私、用智之心。去自私,然后可庶几"廓然而大公";不用智,然后可庶"几物来而顺应"。

居敬方能"廓然而大公",穷理方能"物来而顺应"。

"敬以直内",是"廓然而大公"以前工夫;"义以方外",是"物来而顺应"以前工夫。

"克己"是"廓然而大公"以前切实工夫,"复礼"是"物来而顺应"以前细密工夫。

"居敬而行简",几于"廓然而大公,物来而顺应"矣。

明德、新民,人终身之学,止是学此事。明德是新民之本,不能明德,何能新民?不能新民,仍是明德有未明。无新民之责任时,固是要专用明德工夫;有新民之责任时,仍是要用明德工夫。其明德工夫,即在新民职分中切实格、致、诚、正、修也。

进德修业,君子终日终身止有此一事。德是业之全体,业是德之大用。进德即进修业中之德,修业即修进德中之业。知"体用一源,显微无间",则知进德修业之功,固一以贯之矣。外修业而言进德,即堕于佛老之虚无;外进德而言修业,即堕于俗学之功利。

格、致、诚、正、修是进德事,而修业之功即在其中;齐、治、平是修业事,而进德之功亦在其中。

进德是欲"全其性分所固有",修业是欲"尽其职分所当为"。进德修业,不能终日乾乾,则性分、职分,必有多少亏欠处。

进德是尽性工夫,修业是尽伦尽物工夫。

朱熹:仁者无私心而合天理之谓。用"克己"之功,然后能无私心;用"复礼"之功,然后能当于理。无私心,是为"廓然而大公";当于理,只是"物来而顺应"。

"敬以直内",然后能无私心;"义以方外",然后能当于理。至当理而无私心,则仁矣。

"知者不惑,仁者不忧,勇者不惧",合之是孟子"不动心"。只是见理明,守理定,存理熟,自然心不妄动。若佛家云:"假使铁轮顶上旋,定慧圆明终不失。"亦似"不动心"境界,只是少却"理"字。必于性分、职分上,天理毫发不错。在"铁轮顶上旋",是应分的事;"定慧圆明终不失",方是圣人之学。若不问理上错与不错、分上应与不应,而在"铁轮顶上旋",自信"定慧圆明不失",此是冥然罔觉,悍然罔顾。即此已昧其天性,害其天理矣。此告子之"不动心",孟子所以必辨也。

作用不是性,作用合乎天理而无私心,方是性中发用。运水搬柴不是道,必理当搬运,而搬运之合理,方是道。知觉运动不是性,只是此心之灵,必知觉运动从理上发出来,而所知所觉所运动俱合乎理,方可谓性。理气之分,心性之□,圣佛之异,全在此分别。

"理一分殊",必于理一中细察其分之殊,又必于分殊中细玩其理之一。知分之殊,然后能各"尽其职分之所当为";知理之一,然后能求"全其性分之所固有"。

"理一分殊""下学上达"二语,须时时体玩。不于分殊上心体力行,但见得浑然一理,无实得也;不于下学中切实用功,而欲透澈心性,非实见也。圣、佛之分在此,程朱、陆王之分亦在此。

古圣贤论学,皆是体用兼赅,知行并进,曾不笼统说理,含混用功,单提直指,以为宗旨。惟佛、老喜笼统,单提直指,所以为异端也。尧、舜、禹执中授受,曰"惟精惟一";汤曰"以义制事,以礼制心";武王曰"敬胜怠,义胜欲";孔子曰"敬以直内,义以方外",曰"立人之道,曰仁与义",曰"进德修业",曰"克己复礼",曰"博文约礼",曰"知崇礼卑";《大学》曰"明德新民";《中庸》曰"明善诚身";孟子曰"知言养气",曰"尽心知性,存心养性";董子曰"明其道,正其谊";周子曰"静虚动直",曰"蕴之为德性,行之为事业";程明道曰"廓然而大公,物来而顺应";伊川曰"涵养须用敬,进学则在致知",曰"敬义夹持,直上达天德";朱子曰"居敬以立其本,穷理以致其知,反躬以践其实"。是皆平平正正,圣人之学,知行并进,内外交修;去人欲,存天理;体立而用行,下学而上达之正脉也。观此可知陆王之单提立大体、致良知,皆是躐等务高之意,不可为学者之正法。

成德工夫,在先克其气质之所偏;达才工夫,在先就其性质之所近。

文质相养相成,天地自然之理也,不可偏废。枝叶盛则根本伤,文不可灭质也,故须删其繁文,以就本实。然予见虫食苗叶,则苗实亦伤;虫食树叶,则树干亦往往枯槁。是灭文太甚,则本质亦难以成材,所以君子务"文质彬彬"也。

时时不忘"居敬穷理"工夫,则无时无地、无事无物不有理可穷,不必读书而后可以穷理也;无时无地、无事无物不有敬可居,不必静坐而后可以居敬也。故曰"道也者,不可须臾离也",又曰"学而时习之",又曰"维天之命,於穆不已",文王"纯亦不已"。

仁之德居四德之首,而实统乎四德之全,与义、礼、智不同。犹春之气居四时之首,而实贯乎四时之中,夏、秋、冬无时不有春气在其内也。是以圣人恶恶虽严,而哀矜之心仍无一刻不在,敬慎之念仍无一事不存。此仁心之所具也,春气之所藏也。

"心有所忿懥","有所恐惧","有所好乐","有所忧患",是由不能戒惧以致其中。内里有所偏倚,则发出来必之其所贱恶而辟之,其所畏敬而辟之,其所亲爱而辟之,其所哀矜而辟,不能致和而至于乖戾矣。不但有害于人,即有时事不错,而内心之受病已去天远矣。

无私心而当于理,则仁矣。作事不能无私心,不能当于理,即自信正当,皆是不仁。故曰"君子而不仁者有矣夫",可惧之甚也。

天理人欲,全在心上体察。如伊尹辅导太甲,既已悔过迁善,而伊尹即复政厥辟,"将告归陈戒于德",此"臣罔以宠利居成功"之正道也。周公辅成王,既诛武庚,定顽民,营洛邑,即归政成王而欲明农,亦即伊尹之意,皆非有计较祸福之心。彼霍光、张居正之不知此道者,皆是一团贪权利之心,不足言矣。即如范蠡之放于湖山间,张留侯之欲从赤松子游,高则高矣,然是从阅历中来。观其"飞鸟尽"数语,仍是计较利害私心,非真知功成身退。天之道"廓然而大公,物来而顺应"也,仍不免于自私而用智也。不必以此苛责古人,要当以此穷究至善。故曰:"当理而无私心,则仁矣。"彼霍光辈所处全不当理,范蠡、张留侯所为当理而未能无私心,惟伊、周始是仁。既有私心,所为亦不能尽当于理。

"无求生以害仁,有杀身以成仁。"如诸葛武侯之"鞠躬尽瘁,死而后已",至于成败利钝,皆非所计,此之谓"求仁而得仁"。如王彦章云:"豹死留皮,人死留名。"范滂母训云:"既有令名,难求寿考。"则皆是气节为主,不免有计较名心,是即不得曰"杀身成仁"。凡事当以此密密自勘。

宏而不毅则难立,毅而不宏则隘陋而无以居之。《大学》以明德新民为规模,合下即"欲明明德于天下",宏也。而条目工夫,则由格致诚正、修齐治平做到"明明德于天下"而后已。明德新民,不到"止于至善"不止,毅也。曾子"宏毅"二字,仍是发明一部《大学》道理。

凡人为学,须知着力处。《大学》之格、致、诚、正、修,着力处也。既学,须知得力处,《大学》之物格、知至、意诚、心正、身修,得力处也。"子曰志于道"一章,为学之着力处;"兴于诗"一章,既学之得力处。

"维天之命,於穆不已",此道所以不可须臾离也。道不可须臾离,此学所以必时习之也。时习之功,张子最发明得尽,曰:"言有教,动有法,昼有为,宵有得,息有养,瞬有存。"张子学极宏毅,"为天地立心,为生民立命,为去圣继绝学,为万世开太平",不亦宏乎!"言有教,动有法,昼有为,宵有得,息有养,瞬有存",不亦毅乎!非毅不足以成其宏。

张子砭愚,发明省察克治之要;订顽,发明存养扩充之功;正蒙,发明格物致知、穷理尽性之学。

张子曰:"文要密察,心要洪放。"密察而不洪放,则局量褊浅,规模狭隘;洪放而不密察,则贪多务得,好高骛外。《易》曰"知崇",则心洪放矣;"礼卑",则文密察矣。

用《大学》格物致知之功,则文自密察;用《大学》诚意正心之功,则心自洪放。用《中庸》道问学之功,则文密察;用尊德性之功,则心洪放。诚意、正心、尊德性,何谓洪放?盖能如此,则仁义礼智,根心生色,粹面盎背。仰不愧天,俯不怍人。浩然之气,配义与道,塞乎天地之间,非洪放之实际乎?

"知其性分之所固有,尽其职分之所当为",如此而后为"率性之谓道",非是不足为道也。"本之人君躬行心得之余,不待求之民生、日用、彝伦之外",如此而后为"修道之谓教",非是不足为教也。

以《大学》"三纲领"为规模,则心洪放;以《大学》"八条目"为工夫,则文密察。要从密察做起。

《曲礼》《少仪》《内则》《弟子职》,《仪礼》所载,皆日用、彝伦中密察之文也;《周礼》所载,皆王朝政治中密察之文也;《论语·乡党》篇所载,皆孔子在乡、在朝密察之文也,皆所谓"小德川流"也。"小德川流",实皆是从"大德敦化"中运用流出。

"人心惟危,道心惟微,惟精惟一,允执厥中。"张子"形而后有气质之性,善反之,则天地之性存焉。故气质之性,君子有弗性者焉",其说原本于舜命禹之意也。又曰"德不胜气,性命于气",则人心之危也;"德胜其气,性命于德",则道心之精一矣。

"德慧术知",慧者德之用,知者术之体。德无慧则德非明德,术无知则术非仁术。申生、急子非无德而慧不足,则为愚孝。若舜则德慧至矣。苏秦、张仪非无术而知不足,则为权诈。若武侯之破曹、韩魏公之保护两宫,则术知备矣。

"存心养性","动心忍性",二者相反而实相成。常时能下"存心养性"之功,然后处大变,当大任,能致"动心忍性"之力。变时能致"动心忍性"之力,然后造次不离,颠沛不改,能收"存心养性"之功。

无形谓道,有形谓器。此说得不圆。道非无形,以无形为道,则必远人以为道,而堕于虚无寂灭之教矣。《易·系辞传》曰:"形而上者谓之道,形而下者谓之器。"此说得万全无弊。道非无形,只是形而上者耳。如耳目口体,形而下之器也。聪明肃恭,形而上之道也。天以阴阳五行,生此耳目口体之形,而此聪明肃恭之理,即赋于此耳目口体之中。虽无形可见,而要非离此耳目口体,而别有聪明肃恭无形之道也。况人能尽此聪明肃恭之道,则即其耳目口体之中,自流露而可见焉。人不能尽此聪明肃恭之道,则即其耳目口体之中,亦流露而可见焉。故止可曰"形而上者谓之道",而不得曰"无形"。又如子臣弟友,形也;而孝敬恭信之理,即不离子臣弟友之中所谓道也。子臣弟友固有形之可见,孝敬恭信虽无形,而果能尽孝敬恭信之道,亦未尝不流着于子臣弟友之形中。故止可曰"形而上",而不得曰"无形"。所以《中庸》曰"道不远人",孟子曰"形色,天性也",又曰"仁也者,人也"。合而言之,道也。

天命之谓性,是生来的。喜怒哀乐之未发谓之中,发而皆中节谓之和，是从戒慎、恐惧、慎独、存养、省察而后能如是。观《中庸》次第可见。致中和，是从上节中和推而极之耳。

性情是圣愚所同，中和是圣人所独。人人有此性情，不能常存敬畏，存养省察，则未发不能无偏倚，已发不能无乖戾也。故中和为性情之德。

尧之钦，即未发之中也；尧之明，即中节之和也。不钦不能中，不明不能和。

汤之以礼制心，致中之工夫也；以义制事，致和之工夫也。武之敬胜，致中也；义胜，致和也。《易》之"敬以直内"，致中也；"义以方外"，致和也。子曰："吾道一以贯之。"曾子曰："夫子之道，忠恕而已矣。"忠者，一理浑然，即致中之尽也；恕者，泛应曲当，即致和之极也。颜子克己，即致中之工夫；复礼，即致和之工夫。曾子正心，不使心有所忿懥、恐惧、好乐、忧患，是致中工夫；修身，不使之其所亲爱、贱恶、畏敬、哀矜、敖惰而辟，是致和工夫。孟子居仁，即致中也；由义，即致和也。周子无欲，则静虚致中也；动直，则发而中节之和也。明道之廓然而大公，中也；物来而顺应，和也。伊川之敬义夹持，朱子之居敬穷理，皆此道也。此所以为千古圣学之真脉与！

《中庸》："君子戒慎乎其所不睹，恐惧乎其所不闻。"后儒多将不睹不闻说到隐微本体上去，所以多淫于异端之教。朱子注曰："君子之心，常存敬畏，虽不见闻，亦不敢忽，所以存天理之本然。"何等平实！《中庸》："莫见乎隐，莫显乎微，故君子必慎其独。"后儒多以隐微，即上不睹不闻，独即此不睹闻之体，愈高妙，愈入于佛氏之说。朱子注曰："君子既常戒惧，而于此尤加谨焉，所以遏人欲于将萌。"何等精实！

《中庸》始言存养省察之功，与《大学》"八条目"以"格物致知"为入道之始，似乎不同。然其以"知""仁""勇"三达德为入道之门，以择善为固执之基，以明善为诚身之本，则与《大学》首重"格物致知"一矣。

存养在中之前,省察在和之前。惟常存敬畏,虽不见闻,亦不敢忽。如此存养,然后能有未发之中。惟既常戒惧,而于幽独之中、细微之事,迹虽未形,而几则已动,复加谨焉,然后能有发而中节之和。无存养之功,则失其中之体;无省察之功,则失其和之用。然存养又在省察之前,不能常存敬畏以养其天性之本然,则几之动时,必忽略而不能省察。即能省察,亦不能有扩充善几、克制恶几之力量,故存养为尤要。

子思在喜怒哀乐未发、已发上致中和,是专在存养省察用功。颜子非礼勿视听言动,似克制之功多,然实是有存养省察之功在前,而后克制不费力。孟子在恻隐、羞恶、恭敬、是非四端上用力,似扩充之功多,然亦是有存养省察之功在前,而后扩充能尽量。

"君子之道费而隐"章前三节是言道体之散着,无物不有,无时不然。君子之道,造端乎夫妇,是言体道之功,须从夫妇居室之间做起。此人伦之本,隐微之中。如此能常存敬畏,不使人欲之私害其天理之本然,由是推行于人伦庶物之中,无不明,无不察,无非由仁义行,然后可以及其至也,察乎天地。若不能造端乎夫妇,虽功业文章洋溢于天地之间,而实与天地之道相隔塞也,何能察乎天地乎?

致知不必日求广博,能日见得道理亲切,方有益;力行不必日事难能,但日觉得心地笃实,方有益。

尧降二女于舜,是观其造端乎夫妇何如。《诗》首《关雎》,以迄于《麟趾》《驺虞》,是即文王造端夫妇,察乎天地之证。《易》上经首乾坤,下经首咸恒。人道之夫妇,即天道之天地。格物须先格明自己气禀之拘在何处,自己物欲之蔽在何处,知得所拘、所蔽者为何,即切实下克制工夫,方有进步。

孟子曰:"恭敬之心,礼也。"朱子曰:"礼者,天理之节文,人事之仪则。"颜子"克己复礼",须兼此二解用功。时时存恭敬之心,此复礼之本也。当视听言动时,又省察天理之节文当何如,人事之仪则当何如。有一不合于天理之节文,即勿以止之;有一不合于人事之仪则,即勿以止之。存中形外,制外养中,合孟子、朱子所说"礼"字用功。则未视听言动时,自然一理浑然;当视听言动时,自然泛应曲当。

孟子曰:"惟圣人然后可以践形。"喜怒哀乐,形之情也,存养省察以致中和,是为践形。视听言动,形之体也,克己复礼,禁绝非礼,是为践形。子臣弟友,形之伦也,止孝止敬,克恭克信,是为践形。居处、执事、与人,形之事也,居处恭、执事敬、与人忠,是为践形。仁义礼知信,形之性也,居仁由义崇礼,明知敦信,是为践形。《论语》所谓修己,《大学》所谓修身,《中庸》所谓诚身,皆践形之功也。

《中庸》"道不远人"以下三章,即费即隐;"鬼神之为德"章,即隐即费。费、隐无纤毫之间。《易》曰:"形而上者谓之道,形而下者谓之器。"道、器原不相离。孟子曰"形色,天性也""仁也者,人也",皆费而隐之意。离形色求天性,离人求仁,离器求道,皆是离费而索隐,异端之学也。《大学》致知在格物,物之理即人心之理,故曰"物格而后知至"。陆、王不喜格物穷理之说,亦是离费而索隐,所以易入于禅。

《中庸》:"君子之道,造端乎夫妇,及其至也,察乎天地。"是为下学而上达,是为体信而达顺,是为充实而有光辉。

《中庸》形著明动变化之功效,工夫全在"致曲""曲能有诚"二语。《孟子》大圣神之德,工夫全在"可欲之谓善""有诸己之谓信""充实之谓美"三句。即已至大圣神境界,而其心仍是在"有诸己""充实"上用功。《易·大畜》"辉光",工夫止在"刚健笃实"上做。

卷二　癸未笔记

居敬穷理,学问之大纲也。分言之:治身,当整齐严肃;存心,当主一无适;读书接物,当即物穷理;临事,当随事精察而力行之。日用切实之功,如是而已。

君子素其位而行,不愿乎其外。何谓"位"? 只是循其性分之所固有,尽其职分之所当为。

居敬之道,莫要于居处恭,执事敬,非礼勿视听言动。穷理之道,莫要于明庶物,察人伦。存心之道,莫要于以仁存心,以礼存心。处人之道,莫要于仁者爱人,有礼者敬人。爱人不亲反其仁,礼人不答反其敬。处世之道,莫要于言忠信,行笃敬。为学之道,莫要于尊德性而道问学,择善而固执之。是皆切实下学之功也。

中庸其至矣乎! 中庸即善也。须将《论语》二十篇,句句玩味,思索出中庸之道、至善之德。如此,则中庸、至善方落实。但就《中庸》一书讲中庸,终不能明中庸之全体大用也。《尚书》尧、舜、禹、汤、文、武、皋陶、伊、傅、周、召所言所行,皆须玩索其合乎中庸之理、至善之德。

读《曲礼》《少仪》《内则》《冠义》《昏义》《丧大记》《丧小记》《杂记》《丧服四制》《服问》《祭义》《大传》《学记》、《仪礼》十七篇、《周官》,俱须抱定"天理之节文""人事之仪则"二语,以玩味思索之。其确合乎天理之节文,确当乎人事之仪则者,方是古圣人制礼之精意,如《明堂位》《檀弓》等篇;有不合乎天理之节文,人事之仪则者,即非古圣之制,或后人所增也。

一部《易经》,无非即象以明理。但执《易经》以求易,终未易明也。须熟玩《尚书》，尧、舜、禹、汤、文、武之所行，皋陶、伊、傅、周、召之所言，无不合于时措之宜，即此可明易理也。熟玩《论语》二十篇，孔子之言行、答问，无不随时以处中。《孟子》七篇之言行出处，无不曲当乎时义。即此是活《易经》，盖无往而非易象也，无往而不可明易理也。即《左传》之所载，《通鉴》之所记，其中所言所行，不合道者多矣。既不合于道，即不合于易理。然其吉凶悔吝、盛衰治乱、成败存亡，皆有所以致之之由，是亦可以明易象、悟易理也。凡天下古今人所言所行，无非易象，故无往不可以明易理。惟知道者，可以默而识之。

予读《诗》，只抱定孔子言"兴""观""群""怨""事父""事君""思无邪"，与孟子言"以意逆志"之意玩索之。予读《易》，只抱定"寡过"之意，以玩索其爻象之中正不中正，处之合宜不合宜，求明乎吉凶消长之理，进退存亡之道。

《易·系辞》"和顺于道德而理于义，穷理尽性以至于命"二句，当时时涵泳于心，乃明道进德之宗旨也。"穷理尽性以至于命"，下学而上达之功候也，汤武反之之学，自明诚之教也；"和顺于道德而理于义"，尧舜性之之德也，自诚明之道。能"穷理尽性以至于命"，然后能"和顺于道德而理于义"。至命无工夫，工夫全在"穷理尽性"四字。至和顺于道德而理于义，则是至于命之实际矣。

"君子之于天下也，无适也，无莫也，义之与比。"学者必能用以礼制心之功，然后能无适无莫；必能用以义制事之功，然后能义之与比。如孔子言"敬以直内"，斯能无适无莫矣；"义以方外"，斯能义之与比矣。用克己之功，然后能至于无适无莫；用复礼之功，然后能义之与比。无适无莫，静虚也，廓然而大公也；义之与比，动直也，物来而顺应也。居敬以立其本，然后能无适无莫；穷理以致其知，反躬以践其实，然后能义之与比。无适无莫，义之与比，然后可完。一仁者无私心，而当于理之分量也。彼佛氏之无所住而生其心，正是私心，安能托于无适无莫乎？

　　古人文法简,上下互相发明,读书者宜善会之。如"多闻,择其善者而从之,多见而识之",多见之下,亦是谓"择其善者而识之",非谓不必择善,一切识之也。既见于上,自可以包贯下文,不必赘耳。若误会以为识可不择,则驳杂琐碎、猥庸邪曲者,亦皆识于心,岂不足以蔽吾之聪明,而汩吾之睿知哉!

　　凡人气质之偏,由禀赋得来。习相远,由有生以后习染所致。但气正则习染少,气偏则习染多。

　　性善,专主人所受之天理而言也。若恶,则有由有生以后习染而成者,有由气质之浊与生俱生者。故程子曰:"恶亦不可不谓之性。"

　　人知性善,则凡读书作事,存心动念,必时时分别一善恶,专一向善处行,如此即是复性真工夫。

　　君子贞而不谅。贞者,正而固也。谅是必信必果,其固同,而正与否则未可知也。择善而固执之,是为贞。未择善而但固执,未格致而专诚意,则能谅而不能贞矣。

　　人之聪明,须本于睿知,尤须归于睿知。聪明就耳目之视远听德而言,睿知就心思之能精义入神、穷理尽性而言。致知之功,是由耳目之所闻见,推极吾心思之睿知。若但逐逐于闻见,非致知之学也。孔子曰:"多闻,择其善者而从之,多见而识之。"又曰:"多闻阙疑,多见阙殆,慎言慎行其余。"《易》曰:"多识前言往行,以畜其德。"多闻多见多识,聪明者能之。择善而从,而识阙疑殆而慎言行,多识以畜其德,则非睿知不能。聪明多于睿知者,须用知止、定静、安虑之功。孟子曰:"知者无不知也,当务之为急。"古人云:"用志不纷,乃凝于神。"程子以涵养用敬为进学致知之本,学者其致思焉。

　　《乐记》:"情深而文明,气盛而化神,和顺积中而英华发外。"此三句可通于文章之妙旨也。情深气盛,和顺积中,文章之本也;文明化神,英华发外,文章之著也。存肫然、仁义、忠孝、恻怛、坚贞之情,养浩然至大至刚之气,积和顺于道德之学,自然能文明化神,英华发外矣。非可强而致,伪而为也。六经尚矣,即如孟子、屈子、韩子、欧阳子、陶公、杜公，亦各有其情深气盛、和顺积中之本，然后能有其文明化神、英华发外之著，历千载而如新也。况圣人之诚中而形外乎？

　　志道、据德、依仁、游艺，乃学问之全功。工夫固一层进一层，然游艺之功，非必在志道、据德、依仁之后也。当志道、据德、依仁之时，即有诵诗读书、陶淑礼乐之功。特其诵诗读书、陶淑礼乐之心，无往非为志道、据德、依仁之地，非溺于末，逐于外耳。故曰：本末交修，内外交养也。如"兴于诗"一章，即游艺之效；诗、礼、乐，即游艺之事。能兴于诗，则与志于道交相养矣；能立于礼，则与据于德交相养矣；能成于礼乐，则与依于仁交相养矣。读"兴于诗"一章，而后知游于艺之功，所以与志道、据德、依仁并重也。但须知有本末、内外之别：末所以修其本，外所以养其内，不可逐末而务外。

　　异学讥程、朱居敬为拘，穷理为支。愚思尧之"钦"、舜之"恭己"、禹之"祗台德先"、汤之"圣敬日跻"、文之"敬止，小心翼翼"、武之"敬胜"、周公之"所其无逸"，是皆居敬之功也。伏羲"仰观俯察，近取诸身，远取诸物"、舜"好问而好察迩言，明于庶物，察于人伦"、周公"仰而思之，夜以继日"，是皆穷理之功也。程、朱论学，实源于此，所以为圣贤真血脉。

　　朱子曰："后觉者必效先觉之所为，乃可以明善而复其初。"是即孔子好古敏求，窃比老彭之意。士希贤，贤希圣，皆必践圣贤之迹，而后可以入门而升堂，升堂而入室也。善人资质粹美，而明睿刚毅多不足，故不必践前人之迹，而自不为恶而近于善。然其不能入于室，亦正坐此，故曰"亦不入于室"。"亦"字即由"不践迹"来。阳明论学，以朱子效先觉之所为为大不然，只以吾心自有天则为主。故天资美者，只成不践迹，亦不入于室之善人；否则猖狂妄行，流于异端而不觉矣。

　　学固须由博而反约，又须知守约而施博。孔子雅言《诗》、《书》、执《礼》，而不及《易》。盖《诗》以理性情，《书》以道政事，《礼》以谨节文，最切近人事，所以为下学之要也。《易》则穷理尽性，上达之诣也，岂初学所可几哉？至伯鱼趋庭，子先后语以《诗》《礼》，而未及《书》，何也？盖《诗》以理性情，《礼》以谨节文，尤为下学切近修己之要。若道政事，则治人之学，未至其时，犹非切己也。行远自迩，升高自卑。未下学而遽求上达，为躐等；未修己而讲治人，亦非循序。况果能学《诗》而至于事理通达，心气和平；学《礼》而至于品节详明，德性坚定，则政事之本，已具是矣。

学问最不可喜笼统而恶分明。尧命舜曰"允执厥中"，舜命禹则引申之曰"人心惟危，道心惟微，惟精惟一，允执厥中"。不知精一，则不知所以为中而执之也。孔子告曾子曰："吾道一以贯之。"曾子告门人则引申之曰："夫子之道，忠恕而已矣。"不知忠恕，则不知所谓一而何以能贯之也？是可知诚明与明诚之别，是可知性之与反之之别。

卷三　甲申笔记

尧命舜曰"允执厥中"，本指治道而言，非指心法。然治本于心，体用一源，尧舜皆生安性之之圣，故不必言心法，而自能允执厥中矣。舜命禹则加"人心惟危，道心惟微，惟精惟一"三语，发明允执厥中之心法，以为治法之本。则以禹之资虽神圣，而与尧、舜之性之微有不同。传曰："禹入圣域而未优"。所以必先能辨明人心道心，精之一之，然后可允执厥中以出治也。汤之"懋昭大德，建中于民"，"建中"亦指治道而言，而"懋昭大德"，则精一于道心之旨矣。孔子之"中庸"，子思之"中和"，刘康公"民受天地之中以生"，则"中"专指心性而言，而体用究无不贯。致中和，天地位焉，万物育焉。心法治法，天道人道，一以贯之矣。是真明尧、舜、禹相传之旨也。

后儒以古文《尚书》为伪，而《禹谟》"人心惟危，道心惟微，惟精惟一，允执厥中"四语，《仲虺之诰》"懋昭大德，建中于民，以义制事，以礼制心"四语，《伊尹》"德无常师，主善为师，善无常主，协于克一"四语，传说"惟学逊志，务时敏，厥修乃来；永怀于兹，道集于厥躬。惟教学半，念终始，典于学，厥德修，罔觉"二节，皆于道体、治本、学术之要极有关系，人生所不可一日昧者。去之，则皆泯没矣。近儒好奇，何其背道之甚也！

后儒不喜"持敬"二字，以为拘苦，以为奸伪。不知时有古今，质有高下。古书凡说工夫，皆后圣密于前圣。时不同也，质不同也。孔子曰："仁者安仁，知者利仁。"又曰："从容中道，圣人也。诚之者，择善而固执之者也。"非从容中道之圣人，岂可以生安自处？是故尧曰"钦明"，曰"允恭而已"；禹则曰"祗台德先"，曰"克艰"；汤则曰"圣敬曰跻"；文王则曰"亹亹"，曰"缉熙敬止"；孔子曰"修己以敬而已""执事敬而已"；颜子则曰"拳拳服膺而弗失之"；曾子则曰"战战兢兢，如临深渊，如履薄冰"；子思则曰"戒慎乎其所不睹，恐惧乎其所不闻"。非生安之资，岂可不用困勉之力？况教人又岂可躐等而务高耶？程、朱曰"居敬"，又于敬上加"持"字，正其战战兢兢、戒慎恐惧之心，克艰亹亹、服膺弗失之力也。而可以为拘乎？伪乎？

　　仁义礼知，原于人性之固有。而圣人制礼，使人必先知礼、执礼、复礼，乃所以存其仁义之心。仁义非以礼制心，不能全也。后世礼教衰失，小学之教不修。程、朱昌明性道，必先发明居敬之功，以补礼教之失，以补小学之序。世儒以敬为拘，是即老氏以礼为忠信之薄之意也。苏氏染于老、庄之学，直以程、朱为奸；陆、王堕于佛氏之旨，又以朱子为支。异端之坏道教，皆是使人得遂其欲，托名高明上达，而实使人不得复其性，而坏其高明之资，可叹也夫！

　　道不远人，工夫愈笃实，则见道愈亲切。"子曰五十有五"章，是孔子自言其体道之节次也。"颜渊喟然叹"章，是颜子自言其求道之节次也。圣人虽曰生知安行，而其体道之心，实有功效之节次，故曰："我非生而知之者，好古敏以求之者也"；"若圣与仁，则吾岂敢？抑为之不厌，诲人不倦，则可谓云尔已矣"；"述而不作，信而好古，窃比于我老彭"；"三人行，必有我师焉"；"盖有不知而作之者，我无是也。多闻，择其善者而从之，多见而识之"；"文莫吾犹人也。躬行君子，则吾未之有得。"若自以为生知安行，自以为有得，则终其身不可与入尧、舜之道矣。《孟子》"论孔子"章曰："君子之志于道也，不成章不达。"颜子之"博文约礼，欲罢不能。"既竭吾才，正所谓成章也。如有所立卓尔，则所谓达也。博文约礼，即所谓观水有术，必观其澜也。《孟子》"论乐正子"章"可欲之谓善，有诸己之谓信，充实之谓美，充实而有光辉之谓大"，是学之可致力者也；"大而化之之谓圣，圣而不可知之之谓神"，则非功力之所能为，只是用有诸己充实之功，至于融化从容，与道为一而已矣，不可强也。颜子曰："虽欲从之，末由也已。"此其旨也。颜子已到充实而有光辉地位,化神尚未能也。化神则与道为一矣,无一间之未达,又何止于三月不违仁?颜子已到夫子"不惑""知天命"地位,"耳顺"亦已。庶几观于"不改其乐",是知天命矣。观其"闻一知十""于吾言无所不说",是庶几耳顺矣。虽欲从之,末由也已。其心三月不违仁,是尚有一间之未达也。故曰"从心所欲不逾矩"之地位未到也。

孟子论学曰:"必有事焉而勿正,心勿忘,勿助长也。"颜子之"欲罢不能,既竭吾才",是勿忘;"如有所立卓尔,虽欲从之,末由也已",是勿助长。程、朱之循序渐进、虚心涵泳,全是颜子、孟子之学脉。陆、王之教,不免于助之长。助之长,则是佛氏一超直入如来地之谓矣。

子曰:"君子之于天下也,无适也,无莫也,义之与比。"孟子曰"大人者,言不必信,行不必果,惟义所在",即孔子之意也。然曰"义之与比",是君子工夫;曰"惟义所在",是大人地位。若"子绝四:无意、无必、无固、无我","我则异于是,无可无不可",则不必言"义之与比",而自然无往而非义矣。适莫,私心也。无适无莫,义之与比,是无私心而当于理也。学者求仁之功,当以此章为法。若无意、必、固、我,无可无不可,则是人欲净尽,天理浑然,随处充满,无稍歉缺。心中无意、必、固、我,则自然从心所欲,不逾矩矣,不必言"惟义所在"矣。此从容中道,由仁义行,非行仁义境界,学者不可以骤企。学者须是无私心而富于理,两下用功,方为笃实。陆、王谓闲邪则诚自存,己克则礼自复,无私心自然当理,不必分析,徒为支离。不知未至圣人之域,而喜言超妙之功,反失于粗疏而鲁莽矣。

孟子曰:"天下之言性也,则故而已矣。故者以利为本。"性即理也。理本自然,凡事顺理之自然,然后为尽理之当然。若以意为之,自以为理所当然,而不知理之自然,则不免私心妄作矣。此所以易贵穷理也。穷理而后能尽性至命,知至而后能意诚心正。知未至,则所谓诚非诚也;理未穷,则所谓性非性也。孟子曰:"所恶于智者,为其凿也。"程子曰，人之情，莫患乎自私而用智。自私则不能以有为为应迹，用智则不能以明觉为自然。自私用智，即孟子所谓凿也。如子疾病，子路使门人为臣，岂不以为理之当然，而实非顺其理之自然？如子贡有美玉于斯，求善贾而沽诸，岂不以为理之当然，而实非顺其理之自然？皆所谓凿也，自私用智也。自私用智，不必说坏。圣人以下，皆不免矣。只是理未穷，义未精，气质之偏，稍有未融，皆将不免于此。如冉有之惠，原思之廉，皆自以为理之当然，而实不能顺理之自然。若孔子之所以告冉有、原思、子路、子贡者，全是行所无事，顺其自然，无毫发私意。此正所谓意、必、固、我也。"子华使齐"章，是取与之行所无事；"有美玉"章、"用之则行"章，是出处之行所无事；"子畏于匡"诸章，是患难之行所无事。一部《论语》，皆当作如此穷究，无往非顺其自然。知此，然后可知精义入神以致用之学，然后可知廓然大公、物来顺应之学。

天命，天道也；穷理尽性，人道也。穷理尽性以至于命，所谓下学人事而上达天理也。能穷理尽性以至于命，而后能乐天知命，故不忧。凡人之境，有富贵、贫贱、患难、夷狄之不同，即人伦之际，亦有顺逆、常变之不一，何能不忧？然忧者，只忧其所以处之道未是耳。时求明其所以处之之理，时求尽其所以处之之道。果能穷理尽性，合其所以处之之道，而无欺无歉，知明处当，是则所谓内省不疚，夫何忧何惧矣！所谓求仁而得仁，又何怨矣！故曰："乐天知命，故不忧。"而犹时以为忧，仍是未能穷理尽性以至于命耳。

"鸢飞戾天，鱼跃于渊"，言其上下察也。此形容道体之无物不有也。子在川上曰："逝者如斯夫！不舍昼夜。"此形容道体之无时不然也。知道无物不有，故君子素其位而行；知道无时不然，故君子终日乾乾，夕惕若。

"维天之命，於穆不已"，文王纯亦不已。此圣希天之德也。天行健，君子以自强不息。此贤希圣以几于希天之学也。仁以为己任，俯焉日有孳孳，毙而后已，此士希贤以几于希圣希天之学也。

　　天理流行，随处充满，无稍歉缺。是故道之在天下，无一息之或亡。其亡也，特人不行，而天理终无息也。故曰："道非亡也，幽、厉不由也。"予观《通鉴》，见战国、秦楚之际、三国、两晋、南北朝，可谓乱矣。然国之兴衰，治乱存亡，家之兴丧，身之安危，事之成败，无一不有天理流行其中。或久或暂，或早或速，无非天理之弥纶于其间。条理井然，丝毫不乱，君子所以贵穷理也。若不穷其所以然之理但记其迹，非失于玩物丧志，则徒生机械变诈之心、自私用智之巧、计功谋利之术。若以穷理尽性之学观之，则无往而非天理之活泼泼地矣。人固无容自私用智于其间也，不特此也。自《尚书》唐、虞及于当世，无时非天理之流行。故程子曰："知道者，默而识之可也。"

　　天理无时不流行，无处不充满。惟圣人能与天合德，惟君子则战战兢兢。

补遗　辛巳为阮生强讲《中庸》义

天命之谓性,是人人所固有之理。人生来原有此天性,所以要戒惧慎独以保全之。不如此存养省察,则恐为气禀所拘,物欲所蔽,而昏失此天性矣。天性昏失,则喜怒哀乐未发必不能中,发时必不能中节而和。是故中和虽是天命之性中所本有,却必用戒惧慎独之功,而后能有此中和之德也。致中和,是由戒惧慎独之后。有此中和,而益致其极功也。观经文"天命之谓性"在"率性修道"以前,足见性是先天之本体也。"中和"在"戒惧慎独"二节之后,足见中和虽本先天之体,必用后天之功,然后成全此德性也。人人皆有天命之性,却不能人人有中和之德。先儒谓求中于未发之前为有弊,固也。然求中于未发之前,不可戒惧存养于未发之前,岂非修道之始功欤?

先儒谓《大学》以"格物致知"为始功,《中庸》以"存养省察"为始功,似有不同。窃谓此特各提学问之要于首耳。至先知后行之次第,则《中庸》后三支皆发明之。道不明,故不行。大舜必先好问好察,而后能执两用中。颜子必先择乎中庸,而后能得一善。拳拳服膺而弗失,真知而后能真行,此首一支次第显然者。先学知而后利行,先困知而后勉行,先博学、审问、慎思、明辨而后笃行,先择善而后固执,先明善而后诚身,此第二支次第显然者。自明而诚,先知远之,近知风之,自知微之,显而后能内省不疚,无恶于志,不动而敬,不言而信,此第三支次第显然者。不与《大学》之条理若合符节乎?

君子中庸,即承首章"戒惧慎独"两君子来;时中,即承首章"无须臾离道"来。此君子中庸之君子,不必是生知安行,即学知利行、困知勉行之君子,及其成功一也。即生知安行之君子,亦无须臾之不戒惧慎独也。小人反中庸无所忌惮，即不知戒惧慎独，遂至于此耳。中庸之君子，固人人可几；反中庸之小人，固人人可惧也。

君子中庸，只是全其天性之本然；小人反中庸，只是任其人欲之横流。贤、知、愚、不肖之过、不及，虽不同，皆是未能变其气禀之拘，去其物欲之蔽。

《中庸》篇首言"致中和，天地位焉，万物育焉"；"费而隐"章言"君子之道，造端乎夫妇，及其至也，察乎天地"；"鬼神"章言"微之显，诚之不可掩"；篇终言"笃恭而天下平"，皆一理也。知得透，信得及，行得笃，守得定，则下学上达之功，穷理尽性以至于命之诣，可庶几矣。

明乎微之显，诚之不可掩，所以必造端乎夫妇，以为修道之始功。明乎四，圣人以大德受命，制礼作乐，通乎上下，所以及其至也，察乎天地，为修道之究竟。

君子之道，行远必自迩，登高必自卑，乃《中庸》通篇之关键。戒惧慎独致中和，卑迩也；天地位，万物育，高远也。造端夫妇，卑迩也；察乎天地，高远也。道不远人，慥慥笃实，素位而行，卑迩也；大舜、文王、武周之大孝、达孝无忧，高远也。明善诚身，自明而诚，卑迩也；至诚至圣，高远也。暗然下学，卑迩也；上天之载，无声无臭，高远也。实即孔子下学而上达，穷理尽性以至于命之旨。

自诚明谓之性，率性者也。自明诚谓之教，修道者也。自明诚圣，希天之学。自明诚贤，希圣之学。

《中庸》论修道工夫最切实处，莫要于"博学之"以下三节，尤莫要于"君子尊德性而道问学"一节。

自明诚谓之教。修道以成己，教也；修道以成人，亦教也。"尊德性而道问学"一节，修道以成己之教也；"本诸身征诸庶民"一节，修道以成人之教也。

君子暗然，此学者立心之始，最为紧要。惟暗然而后能用戒惧慎独之功，而后能尽造端夫妇之功，而后能慥慥笃实、素位而行，而后能遁世不见、知而不悔，而后能用择善固执、明善诚身、尊德性、道问学之功一的。然则事事不着实，何能有成？

《中庸》一篇，首支以"三达德"为入道之门。二支明"五达道"自造端乎夫妇，而极之于大孝、达孝，是修道之实事。三支专发明诚明而归之于至诚，是修道之究竟。中间"天下之达道五"一节，是全篇中之关键。经纶天下之大经，谓五达道也。立天下之大本，谓三达德也。知天地之化育夫焉有所倚，谓一诚也。肫肫其仁，经纶天下之大经，则尽修道之教矣。渊渊其渊，立天下之大本，则尽率性之道矣。浩浩其天，知天地之化育夫焉有所倚，则全天命之性矣。此全篇之结束也。与篇首提纲三句，一理融贯，文字亦是一气浑成。

《中庸》首章论修道之全功，先存养而后省察，承上"天命之性"三句来。末章论下学之功，先致知而后力行，先省察而后存养，承"自明诚"句来。首章是提其纲领，末章是详其节目。

笃恭而天下平，即首章"致中和""天地位""万物育"之意。"笃恭"二字，是约言之工夫，仍要从戒慎乎其所不睹，恐惧乎其所不闻，莫见乎微，莫显乎微，必慎其独上做起。到得纯熟田地，自然笃恭矣。

予自少为学，必有日记。光绪三年，在枣强删其繁复，略分伦次，汇为八卷，统名《志学录》，以示子孙。是时在官言官，日惟尽心职守，折狱清讼而外，创建书院、义学、考棚、义仓，藏书积谷，以为教养之所。重建名宦、乡贤各祠，以正典礼。校刊县志及乡贤诸集，以征文献。昕夕不遑，学惧荒怠。十年之中，穷经考史，著有《春秋集义》十二卷、《说诗章义》三卷、《县志补正》五卷、《思辨录记疑》二卷、《宦游随笔》二卷、《柏堂集后编》二十二卷，又删定经说、笔记、文集数十卷，而日记则未暇续业矣。六年夏，幸官事无废，遂自枣强告归，方思继续旧学。七年，以专修族谱无暇，惟著有《周子通书讲义》一卷、《陶诗真诠》一卷。八年以后，读书穷理，复有所得，始续日记以检察身心，有壬午、癸未、甲申笔记三卷。自力于余年，期以终吾身焉而已。今衰病日侵，手不能书，但能涵泳于心，而不复有进。于是因以前所续者，缀于前《志学录》之后。其《柏堂集余编》六卷，仍复别自为书。因思古之人一息尚存，此志不容稍懈，俯焉日有孳孳，毙而后已。是则余所不逮，而不敢不勉者夫。光绪十一年三月朔日，宗诚识于皖寓，时年六十有八。

论学述闻

海盐朱福诜撰

不佞钦奉恩命,视学中州,按试各属。每于奖赏之日,进诸生而语以修身明伦之道、读书穷理之功;诸生亦颇能听受。然不佞既言不尽意,诸生或闻之而不能解,或始识之而旋复遗忘,大惧无以称塞。朝廷嘉与士子乐育人才之意,因思仿孝达尚书《輶轩语》之例,勒为规条,以示诸生。苦于校阅,无须史之闲。复念平生为学,卤莽灭裂,其敢自误以误诸生乎? 惟先文公之书具在,子孙无似,不能行之,尚能言之。又幼所闻于师者,并服膺孝达尚书之语,敢不一一具述,以为诸生勉? 适校试汝南,元日稍暇,竭一日夜之力,录之为二十条。其末后一条,则附于"简厥修,亦简不修;进厥良,以率不良"之意云尔。录既竣,识其缘起如此。庚子元旦,督学使者朱福诜书于汝宁试馆。

陆季良孝廉,蔚庭前辈次子也。家学渊源,书法亦极工秀。回请其书此付刊,以资模范。福诜又识。

程子曰:"学者为气所胜,习所夺,只可责志。"谢上蔡曰:"人须先立志,志立则有根本。"朱子曰:"学者大要立志。"又曰:"学者立志,须教勇猛,自当有进。志不足以有为,此学者之大病。"先儒之言立志者不一,诸生为学,首重立志。朱子所谓志不立,直是无着力处也。

程子十五六岁,便毅然学为圣人。王文成少时,人皆以第一流期之。文成问曰:"如何是第一流人?"曰:"状元、宰相。"文成曰:"以为是周公、孔子耳。"诸生立志,必求为圣贤始得。

士子为学,首重义利之辨。陆象山《白鹿洞"喻义喻利章"讲义》云:"学者于此,当辨其志。志乎义,则所习者必在于义;志乎利,则所习者必在于利。"朱子以为切中学者隐微深锢之病。其言场屋得失、官资崇卑、禄廪厚薄,屑屑计较,自顶至踵、自少至老,无非为利。其余可以此类推。陆清献云:"事事当斟酌分寸,处处当树立界限。"窃谓见得思义,当随事随处加省察、克治之功耳。

谢上蔡云:"富贵利达,近人少见出脱得者,非是细事。今之学者何足道? 能言如鹦鹉。"胡五峰亦云:"父兄以文艺令其子弟,朋友以仕进相招。往而不返，则心始荒而不治。"为科举之学者，不可不闻此言。然今之学者，岂能令其不学文艺、不应科举哉？程子曰："科举之学，不患妨功，惟患夺志。"朱子尝论科举云："非是科举累人，自是人累科举。"若高见远识之士，读圣贤之书，据吾所见而为文以应之，得失置之度外，虽日日应举，亦不累也。居今之世，使孔子复生，也不免应举，然岂能累孔子耶？象山亦云："专志乎义而日勉焉，博学审问、慎思明辨而笃行之，由是而进于场屋，其文必皆道其平日之学，而不诡于圣人。"其言未尝不与程、朱合辙。近世中州大儒，如汤文正、张清恪，皆从科举出身，则信乎科举之不能累人也。诸生取则不远，在端其趋向而已。

古今学术，不容两歧，如程、朱为是，即陆、王为非，无模棱两可之理。陆、王之言，如前所引，岂得云非？惟其别立宗恉，显与朱子为敌，不可不辨也。象山之为禅学，朱子已极论之。阳明之学，自经考夫、稼书两先生辩论反复，已无余蕴。后学不必更事议论，惟当身体力行而已。尝谓熟读《朱子全集》，潜心玩索而有得焉，则诸儒论说之是非，无不了然于心，自不至为他端所惑矣。

国初诸儒为实事求是之学，以明季儒者空言心性，往往入于禅学，故亭林诸先生起而矫之。至乾、嘉以后，汉学盛行，其轻视宋儒，实有过当处。今之言宋学者，遂欲尽废音韵训诂、名物考据之学，盖两失之。昔诗人之美仲山甫，则曰："古训是式。"古训即诂训。子夏之徒附益《尔雅》，则有《释诂》《释训》。即朱子以心之德、爱之理释仁，而不欲以仁为觉；以极至法则之义训极，而不欲以极为中。尝曰："训诂则当依古注。"又云："后生且教他依本子，认得训诂文义分明为急。"其所注诸经，皆训诂精审。由训诂以求义理，固朱子之学也。惟近人为《说文》之学，多泊没不反，释一字之义至千余言，又必以音韵训诂为小学，而谓洒扫、应对、进退非古之小学，则与《曲礼》《少仪》《弟子职》之言显相违异。名物考据，朱子亦尝留心，但谓非所急耳，岂容偏废耶？博闻多识，择善而从，是所望于诸生矣。

　　朱子尝曰："修身大法，《小学》备矣；义理精微，《近思录》详之。"使者昨有《正学术》一疏，请旨饬下各直省刊刻此二书，颁发各书院，已奉俞允。诸生诚能于此二书朝夕讲贯，一一体之身心，则入德之门、穷经之阶，悉在是矣。又《家礼》实朱子所编，其失而复得之由，备著于陈安卿加矣。盖循序而致精，所以致知也；居敬而持志，所以存心也。所谓非存心无以致知，而存心者又不可以不致知。存心致知，主敬穷理，如鸟双翼，废一不行。诸生为学，舍此必无以致力。吾人幸生朱子之后，不至擿埴索途，岂可虚废居诸，自甘暴弃，专务涉猎，昧厥本原，显背圣贤之明训耶？愿诸生勉之，毋忽！

　　吕文节教学者治经，先习《诗》、《书》、三《礼》，张孝达尚书尝述其言。先师张铭斋孝廉，文节门下士也，其教及门亦云尔。今士子所读诸经：蔡氏《书传》，惟二典、《禹谟》。朱子盖尝是正，其余不尽合于朱子之意。朱子《诗传》，初亦用小序，其后不用序说，自成为一家之言。其他处引《郑风·子衿》《邶风·柏舟》仍用序说，本不令后人废小序、传、笺而不讲也。陈氏《礼记》至为简略疏漏，诸经注疏之高下，备详于朱子之言，然皆不可不读；三礼郑注，尤钻研不尽。朱子作《仪礼经传通解》，亦极推重郑君之学也；钦定诸经传说义疏，学者所当必读，兹不备举；国朝经学诸家，至精且博，然浩如烟海，学者不能遍及。惟有依孝达尚书之言：《易》则《程传》《本义》而外，止读孙氏星衍《周易集解》；《书》则止读孙氏星衍《尚书今古注疏》；《诗》则止读陈氏奂《毛诗疏》；张铭斋先师云："胡氏承珙《毛诗后笺》，说多精当，不可不读。"《春秋左氏传》止读顾氏栋高《春秋大事表》；《公羊传》止读孔氏广森《公羊通义》；孝达尚书云："国朝人讲公羊者，惟此书立言矜慎，尚无流弊。"《穀梁传》止读钟氏文烝《穀梁补注》；《仪礼》止读胡氏培翚《仪礼正义》；《礼记》止读朱氏彬《礼记训纂》。凡治经者，必专习一经，俟其熟洽通贯，而后再及其余。

　　《论》《孟》《学》《庸》以朱注为主，参以国朝经师之说。刘氏宝楠《论语正义》、焦氏循《孟子正义》，可资考证古说，惟义理仍以朱注为主。《尔雅》止读郝氏懿行《尔雅义疏》,《五经总义》止读王文简引之《经义述闻》、陈氏澧《东塾读书记》。顾氏炎武《日知录》、钱氏大昕《养新录》为考据家之门径,亦不可不读。《说文》止读王氏筠《说文句读》。如有余力,再及段氏诸家。此条亦孝达尚书之言也。

理学诸书,《小学》《近思录》《家礼》已见前,此外当读《二程子遗书》、《朱子全集》、薛文清《读书录》、胡敬斋先生《居业录》、张考夫先生《杨园集》、陆桴亭先生《思辨录》、陆清献《三鱼堂集》,又张清恪《正谊堂全书》。正学相传,皆系道南一派,当择其要者,熟读而深思之。至黄梨洲《明儒学案》,宗旨仍主阳明;全谢山《宋儒学案》,本之梨洲而补辑之,有资考据,而无所折衷。总之,学案之书,不过甄综流派。学者诚知主敬以立其本,穷理以致其知,反躬以践其实,则于此数书,自能知所抉择矣。

史学先读《史记》《汉书》《后汉书》《三国志》《五代史记》《明史》,其余以次而及《资治通鉴》《续资治通鉴》《唐鉴》《通鉴长编》《明通鉴》《御批通鉴辑览》,皆不可不读。即如李氏《南》《北史》,除《通鉴》所取外,皆无关切要,则亦不必徒费日力也。史中诸志,皆关历朝掌故、天文、时宪、舆地、河渠、官制、军政,犹为经世要务,不可不加研究也。

诸子之学,先读《管子》《荀子》《扬子法言》《庄子》《韩非子》《淮南子》。《荀子》之书最醇,然不通古谊,未必能得其指趣。《庄子》颇近释家,韩非天资刻薄,读者勿为所移,是在审择而已。

词章之学,应制者所不能废,《昭明文选》固当熟精其理。当读善注本。骈体则自任、沈、徐、庾以及李商隐《樊南文集》。李申耆《骈体文钞》有实非骈体而入之者。东汉、魏晋之文,遗漏尤多,体例殊未尽善。尝欲综录东汉以来之文,迄于隋代,都为一集。以未有写官,竢诸异日。散体则自唐宋八家以及归震川、方望溪、姚惜抱之文。古文选本以姚惜抱先生《古文辞类纂》及王逸吾前辈《续古文辞类纂》为最善。此外尚有恽子居、张皋文一派,学者当就其性之所近为之。至诗中之李、杜,朱子谓为本经。欲学诗者,必以本经为主。

朱子尝云："学者治己治人，有多少事在。天文地理，礼乐兵刑，无非学者本分内事。"又云："天下无不通晓的圣贤。"凡经济有用之学，如三通之书《通典》《通考》犹为至要，以及《读史方舆纪要》《郡国利病全书》，并近世正续《经世文编》，先当择一二专门之学为之，不可泛骛。

算学最切于用，当兼通中西之说。中学以天元、四元为最精，西学以代数、微分、积分为最精。当读宋、金、元间秦氏、李氏、朱氏及西人《几何原本》《代数术》《代微积拾级》诸书。本朝算学超越前代，自王氏晓庵、梅氏定九以迄近时李氏壬叔诸家，皆当探索。《御制数理精蕴》《历象考成》，集算学之大成，固所必读。阮氏《畴人传》、罗氏《续畴人传》，亦应览观。此事虽属艰深，悉心研求，自能通晓。若得名师传授，更易入门。

时文原不过为应举而设，然言为心声，必先植其根本。凡揣摩时墨，庸滥相因，或彪炳其外，中无实际，皆有悖于修词立诚之旨。曾文正尝谓："场屋之文，理法才气，缺一不可。"斯言尽之矣。姚姬传先生云："本朝之文，意在和合江西、云间二者之间，其所以不逮前人者亦在此。"此言非惜抱不能道。然本朝之文虽不逮明人，至如雍、乾以来，齐息园召南、全谢山祖望、杭堇浦世骏诸家时文，经术湛深，声光并茂，闳中而肆外，亦明人所未有。作制艺者，当以此为程式。《钦定四书文》以清真雅正为宗，作文首辨体裁，士子固当必读。余则以姚姬传先生选本隆万、启祯、国朝文，《八铭塾钞》初、二集，《听雨轩读本》《举业正轨》为佳。《才调集》所选，即未能尽善。近阅豫士之文，已觉颇滋流弊，岁试时为甚。读者不可不知也。

作赋当读唐人律赋及本朝吴锡麟、顾元熙两家合刻，而有正味斋为尤善。试帖当读有正味斋七家诗及近时馆阁之作。此间士子除光州一属外，率多不辨四声。音韵之学，不可不悉心讲究。如作古今体诗，则当依《广韵》。杜、韩二家之诗，无不与《广韵》合也。

以上诸条，于诸生立品、为学之方，言之恳切详尽。诸生诚能循循服习,以上溯洛学之渊源,使者亦与有荣焉。惟近来士子,多以贫故,不能树立。其甚者,至捐廉耻,扞文网而不顾。或学习刀笔,包揽词讼;或混入试场,为人枪替。种种辱身贱行,深可痛恨。使者所至之处,遇有枪替,无不严惩示儆。各郡县详请褫革。诸生大率皆为干预讼事,亦无不立予准行。非不欲爱护同类,然不除害群之马,安得一角之麟?是以执法颇严,无少宽贷。且此等干预词讼之人,即使幸免官刑,抑亦难逃鬼责。何以言之?彼既颠倒是非,混淆黑白,且又牵涉人证,波及无辜。其所害者,多至十数家,少亦五六户。害人既众,必至自及其身。天道神明,能独免乎?所得无几,而一生禄秩皆为折除。古人有言:"福不盈眦,祸且溢世。"清夜自思,悔将何及?如谓为贫所累,势不得已,则古之人三旬九食,十年一冠,曳履歌商,声出金石,固穷之节,在昔为多。即如国初浙中沈朗思先生,三日不食,采阶前马兰草咽之。适周栎园亮工至,馈以兼金。固辞不受。方推却间,以饥虚困踣。栎园惶恐避去,朗思先生徐起笑曰:"其意可感,然适以困我耳。"昔人于生死关头,犹能忍守如此,况所处之境或未至于是乎?贫者乃士之常学也,而禄斯在?自求多福,在一转移间而已。诸生敦品励行,矜式一乡,如遇此一类人,务述鄙言,苦为劝诫,庶使一涤积习,共振士风。诸生作新之功,闾里熏德之效,斯为大矣。因以此条附录于后。

海盐朱叔基学使以所著《论学述闻》一卷示继辉,辉受而卒业,谨书其后曰:昔阳亢宗以忠孝教诸生,于时归养者二十辈。胡翼之置经义、治事两斋,其后弟子入仕,多适世用。师法之效,著于前古,良有然矣。今学使视学河南,每临一州郡,必命其学官举孝义廉分之士。诸生谒见,辄谆谆以敬身明伦为劝,盖犹本文公小学家法也。是书虽兼及考据、词章与夫算术之学,而要以义理为的。其规条备引儒先,必折中于程、朱,又何其语详而择精也。河南固雎州仪封之乡也,其讲明洛学有素矣。乾、嘉时,海内方尚汉学,其以诂经著称者,则有授堂、雪苑之文，侪于汪、魏；绵津之诗，配于渔洋，岂今独无其人乎？特是人士类以科举为业，虽儒先之学有弗暇及，而成就或不逮前贤。是以学使于此，必反复于程、朱之训而不已也。是书出，天下必有被阳、胡师法之效者，而洛学之遗绪亦于是乎在。知汝宁府事太仓陆继煇。

《中国近现代稀见史料丛刊》已出书目

第一辑

莫友芝日记　　　　　　　　徐兆玮杂著七种
汪荣宝日记　　　　　　　　白雨斋诗话
翁曾翰日记　　　　　　　　俞樾函札辑证
邓华熙日记　　　　　　　　清民两代金石书画史
贺葆真日记　　　　　　　　扶桑十旬记(外三种)

第二辑

翁斌孙日记　　　　　　　　翁同爵家书系年考
张佩纶日记　　　　　　　　张祥河奏折
吴兔床日记　　　　　　　　爱日精庐文稿
赵元成日记(外一种)　　　　沈信卿先生文集
1934—1935中缅边界调查日记　联语粹编
十八国游历日记　　　　　　近代珍稀集句诗文集
潘德舆家书与日记(外四种)

第三辑

孟宪彝日记　　　　　　　　吴大澂书信四种
潘道根日记　　　　　　　　赵尊岳集
蟫庐日记(外五种)　　　　　贺培新集
王癸避难日志　辛卯年日记　珠泉草庐师友录　珠泉草庐文录
嘉业堂藏书日记抄　　　　　校辑民权素诗话廿一种

第四辑

江瀚日记　　　　　　　　　王承传日记
英轺日记两种　　　　　　　唐烜日记
胡嗣瑗日记　　　　　　　　王锺霖日记(外一种)
王振声日记　　　　　　　　翁同龢家书诠释
黄秉义日记　　　　　　　　甲午日本汉诗选录
粟奉之日记　　　　　　　　达亭老人遗稿

第五辑

袁昶日记
吉城日记
有泰日记
额勒和布日记
孟心史日记·吴慈培日记
孙毓汶日记信稿奏折（外一种）
高等考试锁闱日录

东游考察学校记
翁同书手札系年考
辜鸿铭信札辑证
郭则沄自订年谱
庚子事变史料四种（外一种）
《申报》所见晚清书院课题课案汇录
近现代"忆语"汇编

第六辑

江标日记
高心夔日记
何宗逊日记
黄尊三日记
周腾虎日记
沈锡庆日记
潘钟瑞日记
吴云函札辑释

新见近现代名贤尺牍五种
稀见淮安史料四种
杨懋建集
叶恭绰全集
孙凤云集
贺又新张度诗文集
王东培笔记二种

第七辑

豫敬日记　洗俗斋诗草
宗源瀚日记（外二种）
曹元弼日记
耆龄日记
恩光日记
徐乃昌日记
翟文选日记
袁崇霖日记

潘曾绶日记
常熟翁氏友朋书札
王振声诗文书信集
吴庆坻亲友手札
画话
《永安月刊》笔记萃编
浙江省文献展览会文献叙录
杨没累集